ときめく金魚図鑑

写真・文：尾園 暁
監修：岡本信明

山と溪谷社

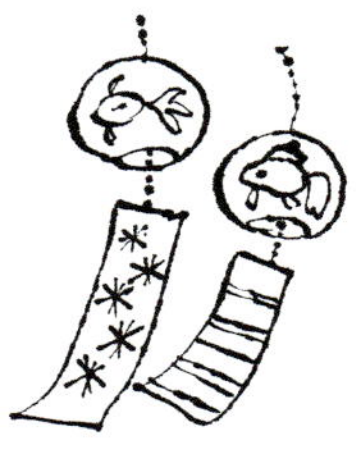

はじめに

必死に追いかけた夜店の金魚すくいが、金魚との最初の出会い……
そんな人は多いのではないでしょうか?
小さな赤い和金、カッコいい黒い出目金、
そういえば、あの金魚はどこにいったっけな?
いつも私たちの身近にいながら、いえ、身近すぎるせいか、
よほどの金魚好きでなければ、金魚のことは案外、知らないもの。
実は金魚って、長いのや丸いの、何十もの品種がいて、
赤いばかりと思いきや、青や黄色、ピンク色のものまでいるのです。
それに金魚は、人懐っこい魚です。
家に連れて帰って、毎日世話をするうちに、
手渡しで餌を食べてくれるほど、仲良くなることができます。
優雅な姿やかわいい仕草を眺めたり、
一緒に暮らしてグッと距離を縮めたり、
楽しみ方は十人十色。どんなかたちでも、いいんです。
魅力あふれる金魚に、ちょっと近づくための『ときめく図鑑』。
さっそくページをめくり、
金魚たちの愛らしさと奥深さに触れてください。

story 1

金魚の履歴書

私たち日本人にとって、
金魚は古くからとても身近な存在でした。
いつも日常の風景にさりげなく溶け込んで、
人々の心をときめかせてきたのです。
かわいい金魚たちのこと、もう少し知ってみませんか。

1
memory

金魚の魅力

金魚が愛される理由

日本で、そして世界でも
長い年月、人々に愛されてきた金魚。
なぜなら金魚は、姿も形も、
そして仕草までもが愛らしいから。
美しさだけではない、金魚の魅力とは。

金魚の愛らしさといえば、なんといっても、よくなれること。水槽に近づくと一目散に寄ってくる様子は、まさにときめきポイント。信頼されているなぁ、と感激します。金魚の品種はとても多く、長いひれ、頭に瘤《こぶ》、あるいはまん丸な体と実に個性豊か。色柄だって赤いだけではありません。白、黒、青、茶、薄桃色。金銀にきらめくものまでいます。そんな多様性もまた、人々の心を惹きつけてやまないのでしょう。長いひれをたなびかせて泳ぐ優雅な姿、丸い体でチョコチョコと泳ぐかわいらしさ、ちょっと間の抜けた顔であくびをするような仕草を知ってしまったら、もう好きにならずにはいられません。また、たいへん長生きするのも金魚の大きな特徴です。気軽なペットとして、あるいは本格的な趣味として、飼う人によってどんなふうにも楽しめる。それもまた、金魚が長く愛されてきた理由なのかもしれません。

金魚好きになる5つのキーワード

1 実はとっても人になつく

金魚はとても人懐こい魚です。餌やりのとき、しっかり金魚の目を見て与えるようにすれば、やがて人の姿を見ただけで集まってくるようになります。さらになれると、人の手から餌を食べるようにもなりますよ。

2 種類が豊富

どれも同じ「金魚」という生物種でありながら、信じられないほど多様な品種が存在しています。日本観賞魚振興事業協同組合が認定しているものだけで33品種。未認定品種などを含めると、50～60にも及びます。

3 色・柄が素敵

色柄の美しさ、豊富さも金魚の魅力のひとつ。赤と白の組み合わせでも、同じ模様の金魚は一尾としていません。たくさん泳ぐ水槽から好みの色柄の子を選ぶのも、金魚を飼う大きな楽しみです。

4 動きや表情が愛らしい

金魚を眺めていると、語りかけてくるかのように口を開閉したり、ぽかーんとあくびのような仕草をしたりと、どこか人間くさくて愛らしい表情を見せてくれます。気づけば金魚に話しかけていることもしばしば。

5 大事にすれば長生きする

金魚は丈夫で飼いやすい魚です。5年、10年生きるのはふつうで、イギリスにはなんと40年生きたという金魚の記録が残っています。長く、楽しく金魚とつきあっていきたいものですね

2

memory

金魚の生い立ち

金魚ってどんな魚？

ことのはじめは1700年以上も前、晋の時代の中国に現れた、突然変異の赤いフナ。この赤いフナこそが、地球上に存在するすべての金魚の元祖となったのです。

昔々、「ヂイ」という中国フナの一種に、突然変異で赤い個体が現れました。だれかがこれを捕獲して飼育、繁殖をはじめたのが、金魚のはじまりだと伝えられています。そうして誕生した金魚のなかに、やがて尾が長いものや背びれがないもの、目が飛び出したものなどが生まれ、選別と交配を繰り返すことで、いまに見られる多様な品種が作り出されてきたのでしょう。

そんな金魚が日本にやってきたのは約600年前、室町時代の末期という説が有力です。やがて金魚は日本の文化に根付き、各地で独自の品種が生まれるまでになりました。これらを「地金魚」と呼び、そのなかには県の天然記念物として指定されているものもあります。

現在ではもう把握しきれないほどの品種がいる金魚ですが、それが維持されているのは、人が常に選別と交配を続け、野生では生きられない形質の魚を、大事に飼い育てているからです。

金魚を知るための5つの豆知識

1 もともとは、みんなフナだった

金魚のルーツは、ヂイという中国産のフナにあります。晋の時代の中国で、このヂイから突然変異で生まれた赤い個体（ヒブナ）が見つかったところから、金魚の歴史が始まったのです。

2 先祖の故郷は中国

いまあなたの目の前にいる金魚も、元は中国長江流域で見つかった赤いヂイの子孫。人々が飼いつないできた1700年あまりの歴史が刻まれているのです。なんともロマンあふれるお話ですね。

3 見て楽しむための形を追求

金魚には「形」が変異しやすいという特徴があります。飼育者が見て楽しむための形が追及された結果、尾が長い品種や背びれがない品種、目が飛び出た品種などが作出され、現代の多様さへとつながります。

4 天然記念物もいる

室町時代に日本にやってきた金魚は、各地で「地金魚」と呼ばれる独特な品種となっていきました。愛知県の地金、高知県の土佐錦魚、島根県の南京は三大地金魚と呼ばれ、各県の天然記念物に指定されています。

5 人がいないとフナに戻る!?

背びれのないらんちゅうにもフナの遺伝子が引き継がれているため、生まれる仔には、背びれがあるものやその名残りがあるものもいます。人が形質を保っていかないと、やがては先祖のフナに戻っていくでしょう。

3
memory

金魚の種類

形は違えど、みんな金魚

さまざまな品種がある金魚ですが、魚類としては、どれも同じ「金魚」、という一種類の魚です。学名では「*Carassius auratus*」、金色のフナという意味をもっています。

いま私たちが目にする金魚のなかには、フナとは似ても似つかない姿をした品種がたくさんあります。長い尾や出目、複雑な色柄などの特徴をもったさまざまな品種は、突然変異などで出現した特徴が残るように親を選び、交配などを繰り返して登場しました。ですから、違う品種であっても同じルーツをもつものが多くいます。たとえば似た体型でも尾の形が異なる三ツ尾和金と朱文金は、どちらも和金の流れをくんでいますし、まるで色の違う江戸錦と桜錦ですが、どちらもらんちゅうから派生した品種です。

このように同じ流れをくむ品種は、似た体型をしているため、金魚の品種は、「和金型」、「琉金型」、「オランダ獅子頭型」、「らんちゅう型」の大きく4つの種類に分けられるのが一般的です。そんな数多くの金魚も、元をたどればみんな和金、そして中国生まれの赤いフナの子孫。なんだか不思議です。

覚えておきたい金魚の型

1 型で分ける4つのタイプ

金魚にはさまざまな形をしたものがいますが、よく見るといくつかの型に分けられることに気づくでしょう。一般的には、和金型、琉金型、オランダ獅子頭型、らんちゅう型の4種類に分けることが多いようです。

2 すべての原型 和金型

野生のフナに最も近い体型で、尾びれはフナ尾や長い吹き流し尾、三ツ尾など（P.17）。泳ぎが速く、体も丈夫で飼いやすい品種が多いのも特徴です。代表的な品種に、和金、コメット、朱文金などがあります。

3 金魚の王道 琉金型

丸く体高のある体に小さな頭をしています。尾びれは長く伸びた三ツ尾、四ツ尾、吹き流し尾など。すばやく泳ぐのは苦手な品種が多いです。代表的な品種に、琉金、キャリコ、出目金などがあります。

4 迫力満点、オランダ獅子頭型

琉金型に似ますが、体はより長く迫力があります。頭部は大きく、肉瘤（にくりゅう）が発達する品種が多く、尾びれは長くのびた三ツ尾や四ツ尾。代表的な品種は、オランダ獅子頭、東錦、丹頂などです。

5 背びれがない！ らんちゅう型

フナからはかけ離れた姿で、体は卵型に近く、なんと背びれがありません。頭部には品種によって肉瘤が発達します。尾びれは三ツ尾や四ツ尾。代表的な品種に、らんちゅう、江戸錦、水泡眼などがあります。

4
memory

毎日、金魚と一緒

金魚と暮らす

金魚のかわいさを知りたいなら、
やっぱり一緒に暮らすのが一番。
飼って初めてわかる豊かな表情や仕草は、
ずっと近くにいるからこそ見られる
飼い主だけの特権です。

近年では観賞魚に「癒し」の効果があるといわれますが、金魚も例外ではありません。ペットとして世話をし、その成長を見守るだけでも、その表情や仕草にはキュンとときめくものがあるでしょう。もっと身近において、手から餌を食べるように懐かせたりすれば、なおさらです。

いっぽうでは、金魚は品種が多いので、あちこちのお店をめぐってお気に入りの金魚を探す、コレクター的な楽しみ方をしている人もたくさんいますし、なかにはのめりこみすぎて、家族に白い目で見られながらも、品評会用の立派な金魚を育てている愛好家もいます

こうしてライフスタイルや目的、金魚への情熱、取り組み方によって、人それぞれの楽しみ方ができるのが、金魚飼育の大きな魅力といえるでしょう。毎日の暮らしに、癒しと潤いを与えてくれるかわいい金魚たち。あなたも飼ってみませんか。

金魚と暮らす5つの楽しみ

1 世話をしながら成長を見守る

金魚を飼いはじめたら、日々の世話をしながら、金魚の成長を見守りましょう。少しずつ大きくなっていく姿や、ときおり見せる愛らしい表情は、あなたの癒しとなり、暮らしに潤いを与えてくれることでしょう。

2 人と魚も仲良くなれる

毎日金魚の目を見て餌をあげたり話しかけたりしていると、飼い主を見ただけで近づいてきて、手から直接餌を食べるようにもなるのです。そうなるともう、金魚はかけがえのない存在ですね。

3 飼育スタイルはお好みで

身近に金魚をおきたい人は、金魚鉢やどんぶりで。本格的に飼いたい人は大きな水槽やプラ舟で。こんなふうに、好みや目的によってどんな飼い方をしてもいいのが、金魚のいいところです。

4 好みのタイプを集める楽しみも

金魚をしばらく飼っていると、好みのタイプができてきます。あっちのお店で、こっちの養魚場で、自分好みの品種や色柄の子を集めるのも、金魚の楽しみ方のひとつといえるでしょう。

5 子育てだってできる!

飼っている金魚にオスとメスがいたら、卵を産ませて一から育てることだってできます。好みの金魚同士をかけあわせて、品評会用のすばらしい金魚や、オリジナルの品種を作ることも夢ではありません。

5
memory

金魚を守る
いつまでも仲良くしたいから

長い長い歴史のなかで、金魚は、ずっと人とともに暮らしてきました。

もとはフナだった金魚ですが、現在の多種多様な品種は人が作り出し、保ってきたもので、自然界には生息していません。もし自然に放ったとしても、泳ぎは下手だし色は派手。生き残っていくことは難しそうですし、タフに生きられるフナに近い形質をもったものだけが生き残り、現在の金魚の形は失われていくでしょう。実際に、いまでは記録でしか見られない、絶滅してしまった品種もあるのです。人が飼っているからこそ、金魚は金魚でいられるのであって、人がいなければ、残念ながら金魚はいなくなってしまうのです。

金魚という存在は、長い歴史のなかで育まれてきた、伝統であり文化でもあります。家にいる金魚も、人が手をかけ、大切に守ってきたからここにいるのだ、と思うと、ますます愛おしくなってしまいます。そして先人たちに感謝せずにはいられません。いま金魚を育てている私たちもまた、歴史や伝統を感じながら、大切に守り育てていきたいものです。

story 2

ときめく金魚たち

丸い頭をしていたり、長い尾をひらひらさせていたり、
目が飛び出ていたり、金魚はとっても多彩。
同じ品種でも、それぞれが個性的です。
奥深き金魚の世界を、たっぷりご堪能ください。

図鑑の見方

昔からある伝統的な品種から、最近登場した金魚まで、60品種以上を紹介。
図鑑を読むために必要な、金魚の体の特徴についても、ここで解説します。

ストーリー
金魚の成り立ち、体や色の特徴、体質・性質、飼い方を解説しています。

分類
体型の特徴で4つのカテゴリに分類しています。

品種名
一般的な名前で表記。漢字名にはカタカナ、カタカナ名には英語表記も併記。同じ仲間をひとつにまとめて紹介しているページもあります。

写真
品種の特徴がわかる個体のなかでも、愛らしいときめく金魚を集めました。

解説
金魚の特徴、見どころ。タイプによって異なる呼称がある場合は、見出しとして表記しています。

データ
体色：伝統的、スタンダートな基本色／鱗性：スタンダードな鱗のタイプ／尾の形：スタンダードな尾のタイプ／入手しやすさ：5段階評価で五つ星が最も入手しやすい／飼いやすさ：5段階評価で五つ星が最も飼いやすい。

ときめきポイント
かわいい金魚、変わりもの金魚が大好きな、金魚博士・岡本信明先生の、ときめきポイント。

金魚の体

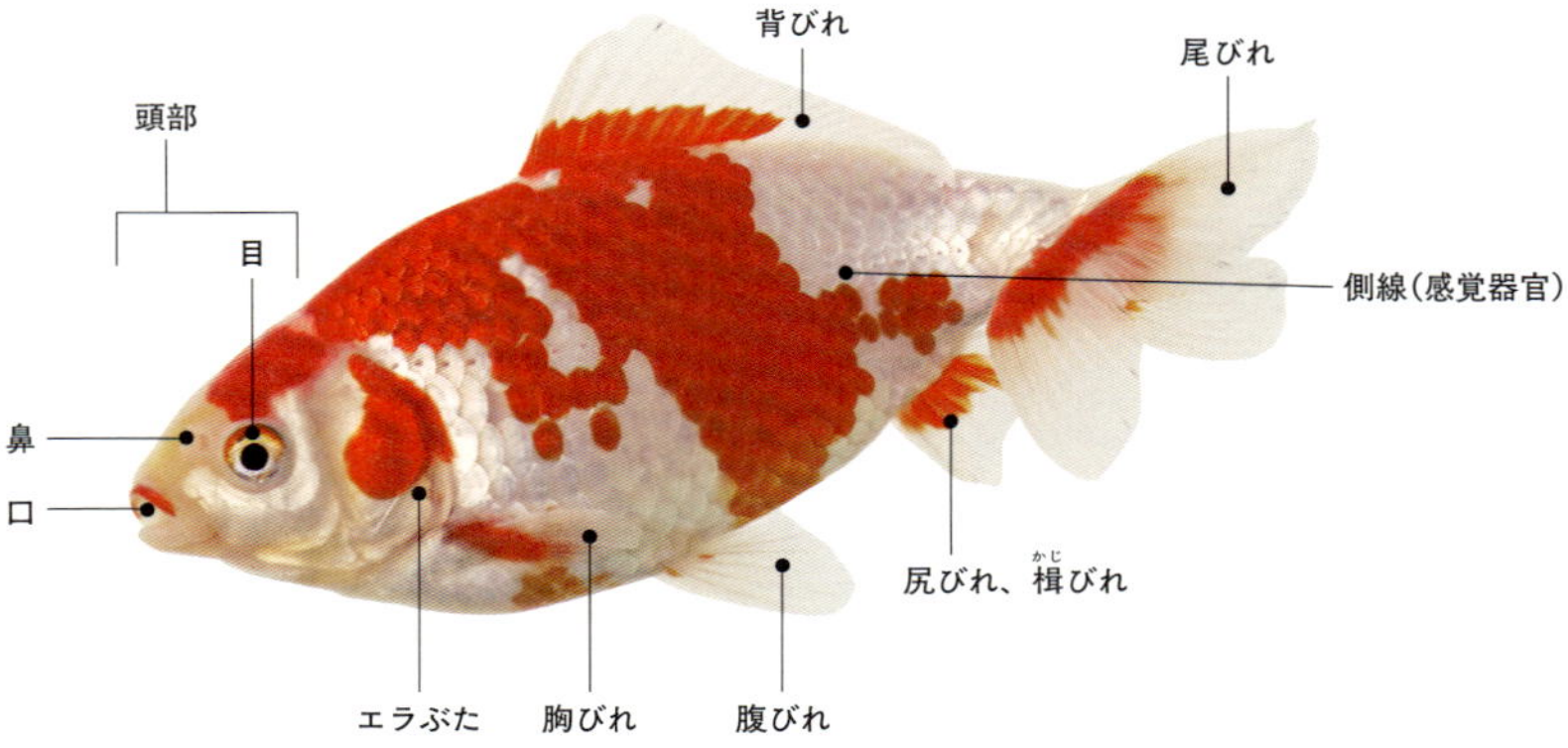

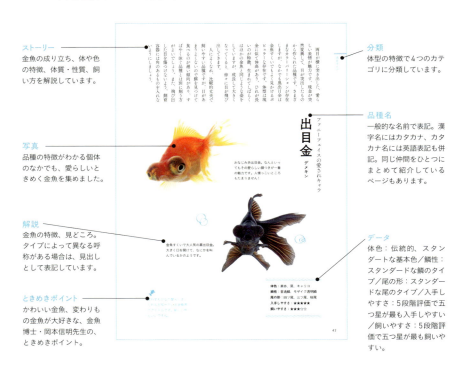

体の特徴

頭部

フナのような魚らしい尖った頭のほか、金魚独特の肉瘤の発達した丸い頭があります。頭だけが盛り上がるタイプ、頭と頬が盛り上がるタイプ、風船のような頭のタイプなどがありますが、肉瘤が出る品種でも発達しないこともあります。

目

普通目

黒目

出目

普通目は多くの金魚のポピュラーな目。透明鱗性の金魚には目の周りのリング状の部分（目巣・めそう）に銀色に見せる色素がないため、黒目になります。出目は、突然変異で出現したもの。

鱗

普通鱗性

全透明鱗性

モザイク
透明鱗性

網透明鱗性

金魚の鱗には、普通鱗、網透明鱗、透明鱗の3種類があり、それらで構成される鱗模様が写真の4つの鱗性です。各種の鱗と赤や黒などの色素、皮下の色が合わさって、さまざまな色と柄を作っています（詳しくはP.98）。これらとは別に、鱗が半球状に盛り上がったパール鱗（P.50）もあります。

おもな色・柄

素赤

更紗

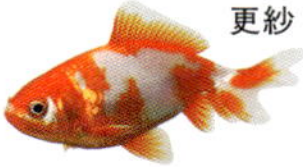

キャリコ（三色）

黒

白

黄

青

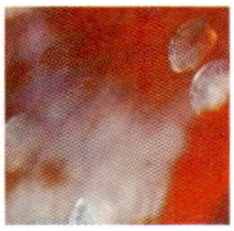

桜

透明鱗の赤

全身が赤くひれの先だけ透きとおる「素赤（すあか）」、赤白模様の「更紗（さらさ）」、赤、白、黒、浅葱（あさぎ・透明鱗に体内の黒い色素が透けて青く見える）がつくるモザイク透明鱗性の「キャリコ（三色）」は、金魚の定番柄。赤、黒、白、黄色の色素の入り方や濃淡、鱗との重なり方でさまざまな色が表現されています。

おもな尾の形

フナ尾

吹き流し尾

孔雀尾

三ツ尾

四ツ尾

桜尾

平付け尾

平付け反転尾

蝶尾

金魚の場合、泳ぐために使われる尾びれにも、いろいろな形があり、金魚の種類を特徴付ける大きな要素となっています。金魚の祖先であるフナと同じ、フナ尾、それが長くなった吹き流し尾は泳ぎに向く形。多く見られるのは三ツ尾とそこから派生する、四ツ尾や桜尾。体に対して縦方向に開いた孔雀尾や、水平についた平付け尾、蝶尾は美しく優雅な反面、泳ぎは不得手。

和金タイプ

スラッとしたフナに近い体型のグループ。力強く機敏に泳ぐ姿が魅力です。

金魚はここからはじまった

和金

ワキン

面構えが迫力満点。金魚すくいの小赤のイメージのある品種ですが、大きくなると、とても存在感のある品種なんですよ。

上品さと迫力を兼ね備えた、見事な親魚！味わい深い色柄です。

大きく育ててほしいなあ。

いかにも魚らしいスマートな体つきで、すばやく泳ぎまわる様子は野性味たっぷり。見ていて飽きることがありません。室町時代に中国から日本に渡来した最初の金魚ということで「和金」と呼ばれています。

先祖のフナに最も近い品種だけあって、体型はフナに似て、頭は小さくひれは短め。大きくなると体高が増してぐっと迫力が出ます。金魚すくいでおなじみの体が赤い素赤や、赤白模様の更紗に、フナ尾、三ツ尾、四ツ尾が基本ですが、近年では多くのカラーバリエーションがあって楽しめます。

体質はとても丈夫で環境への

一見スリムな体型ですが、体の厚みがすごい。力強い泳ぎが目に浮かびます。

更紗模様が美しい2歳魚。どこかあどけなさもあってかわいらしい。

適応力が高く、初心者にも飼いやすい品種です。泳ぎが得意で餌をとるのも速いため、のんびりと泳ぐ品種とは別に飼育するのがおすすめ。

体色：素赤、更紗
鱗性：普通鱗
尾の形：フナ尾、三ツ尾、四ツ尾、桜尾
入手しやすさ：★★★★★
飼いやすさ：★★★★★

金魚すくいでおなじみの赤い小さな和金は通称「小赤」。群れ泳ぐさまは、日本の夏の風物詩です。

銀鱗三色和金

モザイク透明鱗性のキャリコ柄をもつ和金。とくに銀色の普通鱗が多いタイプをこう呼ぶ。

イエロー和金

最近よく見かける、黄色い普通鱗性の和金。レモン和金や黄色和金と呼ばれることも。尾の長いものは「イエローコメット」として流通しています。

もみじ和金

網透明鱗性の和金。透明感と深みを感じさせる体色がときめきポイント!

泳ぐ伝統工芸品

地金・六鱗

ジキン・ロクリン

体の厚みがすばらしい親魚です。
生きる伝統工芸品の名にふさわしい風格があります。

体色：六鱗

鱗性：普通鱗

尾の形：孔雀尾

入手しやすさ：体色によって★★☆☆☆

飼いやすさ：★☆☆☆☆

純白の体に赤いひれの鮮やかなコントラスト。そして大きく開いた独特な尾と優美な泳ぎ方が、見る者を惹きつけてやみません。江戸時代の中期に尾張藩で作出されたという起源の古い品種で、愛知県の天然記念物に指定されています。

後ろから見るとX字型に開いた孔雀尾が最大の特徴です。なかでも体が長いタイプを「六《ろく》鱗《りん》」と呼び、地金と区別します。当歳（生まれたその年）の色変わりのころ、赤くなるはずの鱗を剥いで白い鱗を再生させる「調色」という手法で、この特徴的な体色を作ります。

体質はたいへんデリケートで、水質の変化に弱く、飼育が難しい品種のひとつです。導入時の水合わせを慎重に行うこと、できるだけほかの品種と一緒に飼育しないことがポイントです。

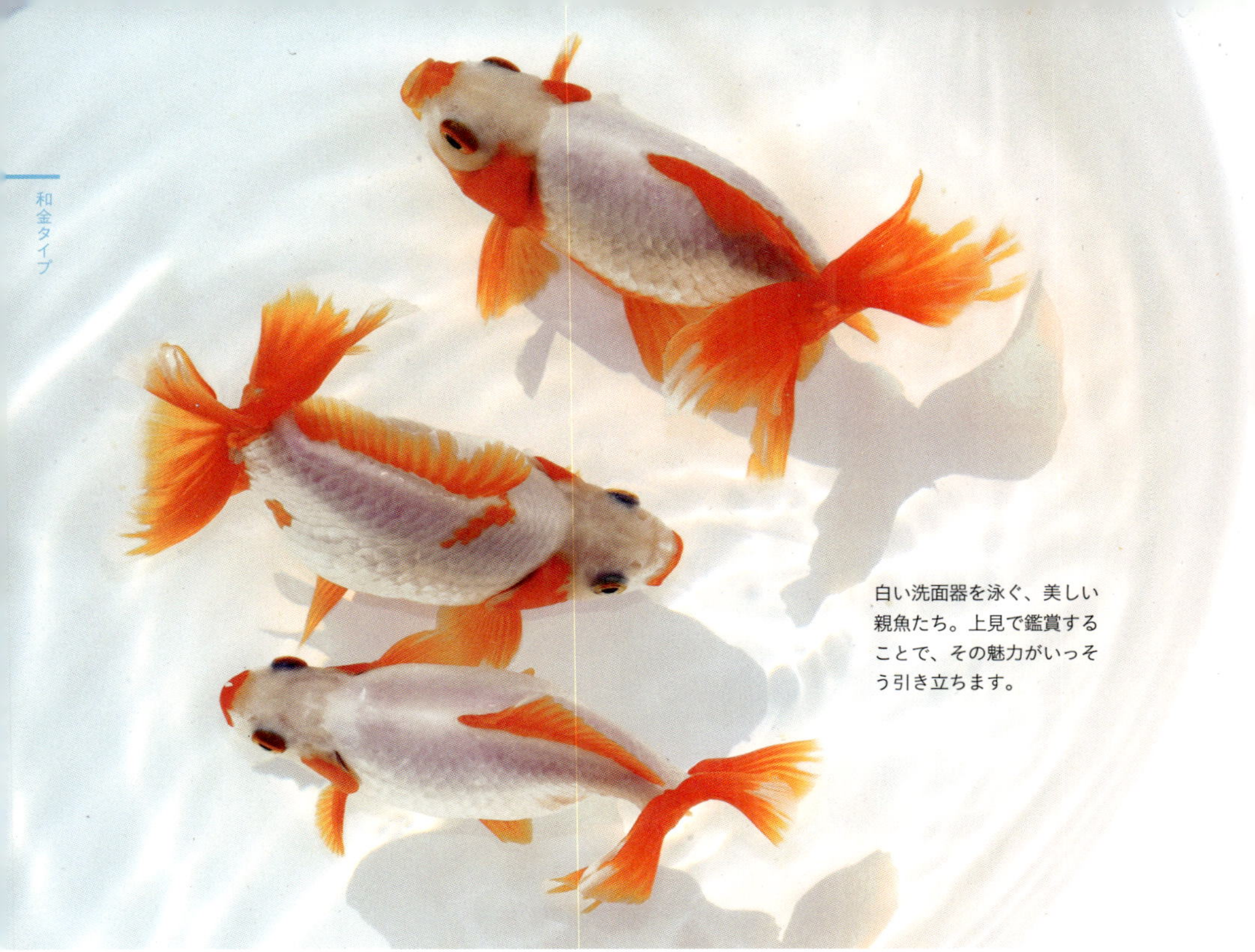

白い洗面器を泳ぐ、美しい親魚たち。上見で鑑賞することで、その魅力がいっそう引き立ちます。

白と赤の体色が上品かつ華やか。金魚師の調色の技が冴えわたる芸術品。金魚の伝統を感じさせる品種です。

六鱗

体の長いタイプを六鱗と呼び、地金と区別します。発祥の地、愛知県では、地域によって飼育されるタイプが違います。

桜地金

地金体型で赤白のモザイク透明鱗性のタイプ。「藤六鱗」と呼ばれることも。また、キャリコ柄の「江戸地金」もまれに流通しています。

コメット

Comet

アメリカ生まれの、その名も「彗星！」

優雅にたなびく長い尾が最大の魅力。尾の切れ込みが深い個体を選ぶと、吹き流しのような尾に育つ可能性が高いです。

スマートな体に長い尾びれで、ビュンビュン泳ぐ姿はまさに彗星！

体色：更紗
鱗性：普通鱗
尾の形：吹き流し尾
入手しやすさ：★★★★★
飼いやすさ：★★★★★

赤白に染め分けられたスラッとした体型に、長く伸びたひれを振って泳ぐ姿がとても優雅です。金魚としては珍しくアメリカで作出された品種で、ワシントン水産委員会の池で飼育されていた琉金の突然変異を安定化したもの。

和金より細長い体型と「吹き流し尾」と呼ばれる長いフナ尾が特徴で、成長に伴ってほかのひれも長く伸び、たいへん美しいものです。体色は赤白の更紗模様がスタンダードですが、黄色の「イエローコメット」も見かけるようになりました。

体質は丈夫で飼いやすい品種です。和金同様、泳ぎが得意で餌をとるのも速いため、ゆったり泳ぐ品種とは一緒に飼育しないようにしましょう。大きめの水槽で飼うと、大きく育ってたいへん見ごたえがあります。

体長30cmにも
大きくなるかも!

その伸びやかな姿は、上見でも
魅力たっぷり。風になびくような、
長いひれがとてもエレガント!

もみじコメット

網透明鱗性のコメット。華やかさのなかに、はかなさも感じられる繊細な表現です。

味わい深い色柄と端正な姿が魅力

朱文金

シュブンキン

大きく育てて、ビュンビュン泳ぐと大迫力！ 泳ぎの活発さとキャリコ柄の渋さも相性ピッタリです。

浅葱色を基調に、さまざまな色が織り成すキャリコ柄の輝き。いつまでも眺めていられます！

体色：キャリコ
鱗性：モザイク透明鱗
尾の形：吹き流し尾
入手しやすさ：★★★★★
飼いやすさ：★★★★★

赤、黒、浅葱、白、銀色などからなる複雑で美しいキャリコ柄が一番の魅力。三色出目金、和金と日本のフナの交雑から生まれた品種です。

体型はコメットに似て尾や各ヒレが長くなり、大きく育った個体は優雅でありながら迫力いっぱい。体色は、皮下の黒色と透明鱗が作り出す青色、「浅葱《あさぎ》色」を基調としたモザイク透明鱗性のキャリコ柄。その複雑な模様は個体ごとに異なり、とても美しいものです。近年では普通鱗の割合が多い「メタリック朱文金」、浅葱色が主体で赤が入らない「青錦」と呼ばれるバリエーションも流通しています。

体質は丈夫で飼いやすい品種です。大きくなる素質があるので、大きめの水槽で数少なく飼うのがおすすめです。

赤が多い個体は、力強さを感じさせます。青（浅葱色）か赤か。どちらも捨てがたい魅力があります。

メタリック朱文金

銀色の普通鱗が多く占めるタイプ。光を乱反射して、たいへんきらびやかです。

青錦《あおにしき》

浅葱色（青）が体の大半を占め、赤が入らないタイプ。スイスイ泳ぐ様子はとても涼しげで、暑い夏がよく似合います。

熱いハートの英国生まれ

ブリストル朱文金

Blistol シュブンキン

ハートの尾が自慢です！

大きく広がるハート形の尾が最大の魅力。浅葱色を基調にした、色柄のバランスもすばらしい！

体色：キャリコ
鱗性：モザイク透明鱗
尾の形：ハート形
入手しやすさ：★★★☆☆
飼いやすさ：★★★☆☆

朱文金がアメリカを経由してイギリスに輸出され、ブリストル地方で品種改良されたもので、日本には2005年に初めて輸入されました。

尾が上下に大きく広がり、先が丸みを帯びてハート形になっているのが一番の特徴。元となった朱文金よりも体高があり、がっちりした印象で、体色はモザイク透明鱗性のキャリコ柄が基本。体質は比較的丈夫で飼いやすい品種です。ハート形の尾の美しさを楽しむため、横から眺められるガラス水槽での飼育がおすすめです。成長すると尾が垂れることがあるので、愛好家は餌や飼育方法に工夫をこらすといいます。

さわやかな浅葱色の背を見せて力強く泳ぐ姿は、上見でも魅力いっぱい。

和金の体に優雅な尾。独特の美しさは、英国生まれならでは？ 浅葱色は英国ではブルーといいます。

赤が多いと華やかな印象。水槽でひときわ存在感を放つことでしょう。

輸入後の日本で尾が扇形に広がるよう改良したものが「寿恵《すえ》廣錦《ひろにしき》」、尾が垂れにくいように改良したものが「遠州錦」と呼ばれていますが、あまり流通していません。

重厚な褐色タイプも魅力的。体高があり、迫力満点の一尾！

柳出目金

ヤナギデメキン

出目金界のスピードスター

スマートな体でビュンビュン泳ぐ姿と、出目をもつ愛らしい表情のギャップがたまりません。
和金のような細長い体型に、フナ尾や吹き流し尾をもつ出目金で、東京都江戸川区の佐々木養魚場で作出された品種です。体色は普通鱗性の黒、素赤、更紗、モザイク透明鱗性のキャリコ柄、桜などさまざま。黄色のコメットから出たと思われる「出目レモンコメット」も流通しています。
丈夫で飼いやすい品種です。たいへん活発に泳ぎ、他品種との混泳も可能ですが、目が出ているので、水槽の中に角ばったものや先の尖ったものは入れないようにしましょう。

スマートな体型に、愛嬌のある出目のギャップが最大のときめきポイント!

成魚はひれが長く伸び、優雅さをも兼ね備えています。

出目レモンコメット

柳出目金と同じ体型で、黄色いもの。

和金やコメットの出目タイプ。出目金なのに機敏なところがおもしろい! 本家とは違った魅力です。

体色:さまざま
鱗性:普通鱗、モザイク透明鱗
尾の形:フナ尾、吹き流し尾
入手しやすさ:★★☆☆☆
飼いやすさ:★★★☆☆

地金の体に優美な尾が人気!

東海錦

トウカイニシキ

美しく調色された個体です。恰幅のよい体と大きく広がる尾も見事!

調色で作られた白い体に大きな尾が、シンプルかつ華やか。大きく育てると迫力が出そうです。

調色されていない、更紗模様の一尾。優雅で魅力的な表現です

体色：六鱗

鱗性：普通鱗

尾の形：四ツ尾、孔雀尾と蝶尾の中間型

入手しやすさ：★★☆☆☆

飼いやすさ：★★★☆☆

厚みのある和金型の体と、蝶のように広がる優雅な尾の組み合わせが魅力です。比較的最近作出された新しい品種のひとつで、たいへん人気があります。

地金と蝶尾の交配によって愛知県で作出された品種で、地金の体に蝶尾と地金の中間的な尾がついているというイメージです。地金同様に、当歳魚の鱗を剥ぐ調色によって、白い体に真っ赤なひれとするのが標準ですが、調色されていない個体や、モザイク透明鱗性の個体もしばしば流通しています。

体質は丈夫で、比較的飼いやすい品種のひとつです。よく似た品種に、地金とブリストル朱文金を交配した「雅錦《みやびにしき》」がありますが、こちらはほとんど流通していません。

琉金タイプ

小さな頭に丸く高さのある体型のグループ。優美な尾も魅力です。

琉金 リュウキン

江戸時代から愛される、金魚の王道

体色：素赤、更紗
鱗性：普通鱗
尾の形：四ツ尾、桜尾、三ツ尾
入手しやすさ：★★★★★
飼いやすさ：★★★★☆

まだ若い魚ですが、頭の後ろからぐっと盛り上がった背の部分が、すでに迫力を醸し出しています。大胆に染め分けられた更紗模様といい、琉金らしい魅力と存在感に満ちあふれています。

愛らしさを感じさせる丸みの強い体つきと、優雅に伸びる長いひれの組み合わせが一番の魅力。大きく育った個体は、かわいらしさと迫力を兼ね備えています。琉金の名は「琉球」から。江戸時代に中国から琉球を経て日本に輸入されたことに由来します。

頭部は小さく、体は短くて丸みがあり、とくに頭の後ろから背中にかけて大きく盛り上がる個体が評価されます。素赤や更紗模様が基本で、柄の入り方でも表情が変わります。また、赤白のモザイク透明鱗性の「桜琉金」、網透明鱗性の「もみじ琉金」など、色のバリエーションも豊かです。

小さい子は愛らしく、大きい子は迫力満点。姿も色柄も、金魚の魅力が詰まった品種です。

白い体に赤いひれをもつ六鱗模様で、頭にも丹頂鶴のように赤が入ってかわいらしい。

流通量が多いので入手しやすく、丈夫で飼いやすい品種のひとつですが、泳ぎはあまり得意ではありません。すばやく泳ぐ品種とは別に飼育したほうがよいでしょう。

左右に大きく張り出した、立派な尾が目を引く一尾です。ひれの先まで赤が入った猩々（しょうじょう）柄。

このようにエラぶたが赤い模様を「奴（やっこ）」と呼びます。胴の更紗模様もすばらしい！

まだ幼さの残る2歳魚。更紗模様は一尾一尾違うので、お気に入りを見つけましょう。

金魚は個体によって顔つきや表情が違います。かわいい子に会えるかどうかは運次第？

人なれした金魚は、人影を見ると一目散に泳いでやってきます。

キャリコ

個性あふれる色彩の競演

Calico

浅葱色はじめ各色がバランスがよく入り、ひれの墨（黒）もちょうどいい。体型もすばらしい親魚ですね！

体色：キャリコ
鱗性：モザイク透明鱗
尾の形：四ツ尾、桜尾、三ツ尾
入手しやすさ：★★★★☆
飼いやすさ：★★★★☆

琉金の体型に、モザイク透明鱗性の浅葱色を基調とするキャリコ柄の品種で、ボリューム感のある体型と複雑で美しい色模様がとても華やか。明治時代に金魚商の初代・秋山吉五郎氏がアメリカ人のフランクリン・パッカード氏の注文を受け、三色出目金と琉金を交配して作出しました。

キャリコ柄を構成する色やひれの模様は個体ごとに異なるので、お気に入りの一尾を探すのも楽しいものです。また成長にともなう色模様の変化を観察する楽しみもあります。

琉金と同様に、丈夫で飼いやすい品種です。キャリコだけで飼うのも華やかですが、赤白の金魚が群れ泳ぐ水槽に一尾のキャリコが入ると、ピリッとスパイスが効いておしゃれな雰囲気に。おすすめです。

体の右と左で大きく模様が違う個体です。赤が多い面はいっそう華やかに見えます。

その名のとおり、魅力はキャリコ柄。気に入った柄の子に出会えたら最高！　なかなか出会えません。

絣《かすり》琉金

キャリコのうち、赤が出ないタイプを安定化したものを、絣琉金と呼びます。赤や黒の金魚と一緒に泳がせると、そのさわやかな色合いがいっそう引き立ちます。

ショートテール琉金 ブロードテール琉金

Short tail リュウキン
Broad tail リュウキン

迫力ボディと尾びれの形が魅力です

小さな頭に大きく盛り上がった肩が迫力いっぱいのショートテール琉金。小さなひれとのギャップが魅力。

尾が小さいショートテールは、とにかくかわいい。バランスを崩しやすいので、上手に育てたいですね。

琉金の体型で、体に対してかなり小ぶりの尾をもつものをショートテール琉金と呼びます。一見アンバランスな小さな尾で、チョコチョコと泳ぐ様子が愛らしく見ていて飽きません。いっぽう、水平方向に広がる大きな尾をもつのがブロードテール琉金。尾は先端の丸みが強く、上から見ると美しく魅力的です。

どちらもカラーバリエーションが多く、金魚で見られるほとんどの色がそろっています。丈夫で飼いやすい品種ですが、体が丸いので飼い方などによっては転覆しやすくなります。餌のやりすぎや運動不足に気をつけましょう。大きめの水槽で数は少なめに、ゆったり飼うのがおすすめです。

ショートテール琉金

白と黒を基調にしたモザイク透明鱗性の個体。モノトーンのなかに赤の差し色がおしゃれ。

ブロードテール琉金

平付けの尾が大きく展開するタイプがブロードテールです。大きな背びれも美しい。

体色：さまざま

鱗性：普通鱗、モザイク透明鱗、透明鱗

尾の形：短い四ツ尾、三ツ尾、桜尾（ショートテール）、平付けの四ツ尾（ブロードテール）

入手しやすさ：★★★☆☆

飼いやすさ：★★★☆☆

水中に咲く一輪の花

土佐錦魚

トサキン

なんといっても前方が反転した大きな尾が一番の特徴です。金魚の女王と称されるのも納得の、優美な姿。

横見では琉金によく似た姿をしています。やはり上見で鑑賞したい金魚です。

体色：素赤、白、更紗
鱗性：普通鱗
尾の形：平付け反転尾
入手しやすさ：★★☆☆☆
飼いやすさ：★☆☆☆☆

江戸時代後期に土佐藩士の須賀克三郎氏が、大阪らんちゅうと琉金を交配して作出した品種です。その後も長年にわたり高知県で飼育されてきた地金魚で、昭和44年に高知県の天然記念物に指定されました。水中に咲く花のような華麗さが魅力です。

琉金型の体に土佐錦魚独自の平付け反転尾と呼ばれる尾をもちます。体色は素赤か更紗が基本ですが、褪色（稚魚時のフナ色から金魚の色になる変化）が遅く、幼魚時のフナ色のまま親になる個体もいます。

体質がデリケートなため水をきれいに保ち、泳ぎが苦手なので強い水流を避けるなど、飼育ではいくつかの点に注意する必要があります。美しい尾を上から見て楽しむため、専用の飼育容器やプラ舟などの浅い容器で飼うのがおすすめです。

見せることに特化した金魚！ 平つけ反転尾を揺らす姿は、芸術品と呼ぶにふさわしい風格。

土佐錦魚は褪色が遅く、フナ色のまま大きくなる個体が少なくありません。

まるで水の中に花が咲いたような艶やかさ。ゆったりと泳ぐ姿は、風格さえ感じさせます。

両目が横に突き出した、愛らしい表情が魅力です。琉金が突然変異して、目が突出したものから作られた品種です。さまざまなカラーバリーションが存在しますが、なかでも黒出目金は金魚すくいでもよく見かけるポピュラーな存在です。体型は琉金に似て体高があり、ひれが長いのが特徴。生まれてしばらくはほかの金魚と同じような姿をしていますが、成長して大きくなってくると、徐々に目が飛び出してきます。

人によくなれ、比較的丈夫で飼いやすい品種ですが、目があまりよくないので餌を見つけて食べるのが遅い傾向があり、すばやく泳ぐ品種とは別に飼う方がよいでしょう。また、飛び出した目を傷つけないよう、飼育容器には角のあるものを入れないようにしましょう。

ファニーフェイスの愛されキャラ

出目金

デメキン

おなじみ赤出目金。なんといってもその愛らしい顔つきが一番の魅力です。人懐っこいところもたまりません！

金魚すくいで大人気の黒出目金。大きく口を開けて、なにかを叫んでいるかのようです。

言わずもがなの愛らしさ。だれもが知っている金魚界のアイドルです。新しい色もいいですね。

体色：素赤、黒、キャリコ
鱗性：普通鱗、モザイク透明鱗
尾の形：四ツ尾、三ツ尾、桜尾
入手しやすさ：★★★★★
飼いやすさ：★★★☆☆

モザイク透明鱗性の三色出目金。キャリコや東錦など、キャリコ柄金魚の作出に使われました。

パンダ出目金と呼ばれるタイプ。白と黒のツートーンが標準ですが、この個体は赤の差し色も。

もみじ出目金と呼ばれる、網透明鱗性のタイプ。透明感のある深い赤色も魅力的です。

蝶尾

チョウビ

大きく広がる尾びれは、水中を舞う蝶のよう

見事な尾形と美しい更紗模様。蝶尾の魅力をギュッと凝縮したような一尾です。

翅を広げた蝶のように美しい尾が大きな魅力です。基本的な体型は出目金に似ていて、目が左右に突き出しています。尾の形にはいくつかのタイプがありますが、いずれも水平方向に大きく広がり、中央に深い切れ込みがあって蝶を思わせる形をし

体色：素赤、更紗、黒、白

鱗性：普通鱗、モザイク透明鱗、透明鱗

尾の形：平付けの四ツ尾（蝶尾）

入手しやすさ：★★★☆☆

飼いやすさ：★★★☆☆

体の白い個体は、清楚な雰囲気を漂わせています。口紅が愛らしい！

美しい鹿の子模様を身にまとい、体型や尾形もすばらしい。金魚ファン垂涎の一尾でしょう。

キャリコ蝶尾。モザイク透明鱗性の華やかな模様に、墨(黒)の入った尾の組み合わせが豪華！

青蝶尾。通好みの落ち着いた体色ですが、ひときわ強い存在感を放ちます。

ています。

1980年代に輸入がはじまった品種で、現在でも中国や東南アジアから輸入されることが多いですが、国内でも生産されています。体色のバリエーションは非常に多く、金魚として考えられるほとんどの体色がそろっています。

体質は比較的丈夫で飼いやすい品種ですが、尾が水平方向につく平付けタイプのため、泳ぎが得意ではありません。浅めの容器で、できるだけ蝶尾だけで飼い、水流が強くならないように注意しましょう。

バリエーション豊富な色柄が、この品種の魅力のひとつ。これだ！というカラーの子を見つけたい。

丸い体でビュンビュン系

玉サバ・福ダルマ

タマサバ・フクダルマ

玉サバ

見事に張り出した背と、豊かな腹が作り出すボリューム感たっぷりの体つき。長く伸びた尾でビュンビュン泳ぎまわる姿は、一見の価値ありです。

体色：素赤、更紗

鱗性：普通鱗、モザイク透明鱗、透明鱗

尾の形：フナ尾、吹き流し尾

入手しやすさ：★★★☆☆

飼いやすさ：★★★★☆

ボリューム感たっぷりの体に、アンバランスにも見えるシュッとスマートなフナ尾や吹き流し尾がついて、ビュンビュン泳ぐギャップがときめきポイント。

玉サバは新潟で長く飼われている地金魚で、耐寒性が強いのも特徴のひとつです。「玉」のような体に「サバ」のような尾がついていることから名付けられました。

福ダルマは、玉サバのなかからより体が丸い個体を安定化させた品種です。ダルマのように丸いのが名前の由来です。

福ダルマはその体型から、成長するとやや転覆しやすい傾向がありますが、玉サバも福ダルマも体質は丈夫で、飼いやすい品種です。丸い体の割に泳ぎが速いので、フナ尾や吹き流し尾の品種と混泳させることもできます。

モザイク玉サバ

いわき市の小野金魚園で作出された、モザイク透明鱗性の玉サバ。この個体は普通鱗のほとんどない白がちの体に赤いスポットが入り、まるでスイーツのよう。

福ダルマ

玉サバを、より丸く改良した品種です。まさに「ダルマ」のように太く丸い体型が理想だとか。この個体は尾が長いタイプ。

福＋ダルマ。幸せが詰まっていそうな名前にふさわしい、どこから見てもダルマっぽい体型がかわいい！

こちらは短尾タイプ。コロコロとして愛らしさいっぱいですが、こう見えて泳ぎはけっこう速いのです。

ありそうでなかった黄金色！

玉黄金・キラキラ

タマコガネ・kirakira

玉黄金

体高があるので、横見での鑑賞で魅力がいっそう引き立ちます。黄金色の輝きが、幸運を呼び込んでくれそう!?

体色：黄色、白と黄色の更紗
鱗性：普通鱗
尾の形：フナ尾、吹き流し尾
入手しやすさ：★★☆☆☆
飼いやすさ：★★★★☆

玉サバのような体型と尾で、全身が黄金色に輝くのがときめきポイント。埼玉県の木村養魚場でイエローコメットをもとに作出された品種です。

体高のある体に、フナ尾や長さのある吹き流し尾がつき、すばやく泳ぎます。体質は丈夫で飼いやすく、フナ尾や吹き流し尾の他品種との混泳も大丈夫。赤や黒の金魚と一緒に泳がせると、美しい黄金色が、よいアクセントになるでしょう。

近年の木村養魚場では玉黄金をベースに三ツ尾や四ツ尾で琉金の特徴をもつ「黄金魚《きんぎょ》」、鱗が縮細状になり、これまでにない独特の輝きを放つ、その名も「キラキラ」も作出され、人気を博しています。

白いキラキラも華麗です。黄色い個体とのコントラストがすばらしい！

キラキラ

2015年に発表されたばかりの新品種ですが、すでに大人気。独特の鱗が光を反射して、まさに「キラキラ」。三ツ尾、四ツ尾の個体も見られます。

不思議に光るキラキラの鱗は、金魚の新しい可能性を感じさせます。新たなジャンルとなるかも!?

丸すぎる体型で大人気

ピンポンパール

Ping-pong Pearl

体色：更紗、素赤
鱗性：パール鱗（透明鱗、普通鱗）
尾の形：四ツ尾、三ツ尾、桜尾
入手しやすさ：★★★★★
飼いやすさ：★★☆☆☆

はじめて金魚を飼う人にも、大人気のピンポンパール。この丸さとチョコチョコした泳ぎを見たら、だれもがときめいてしまうのでは。

ピンポン玉を連想させる丸っこい体型で大人気。小さなひれで一生懸命泳ぐ様子も愛らしさいっぱいです。

鱗の表面が真珠のように盛り上がったパール鱗をもつ琉金型の品種「パールスケール（珍珠鱗）」のうち、とくに体が丸く、ひれが短いタイプをピンポンパールと呼んでいます。透明鱗性の淡い赤白の更紗模様が主流ですが、普通鱗性の素赤、白、青（青文魚のような色）などもあります。

体質はややデリケートで、泳ぎが遅いため、ほかの品種とは別に飼育したほうがよいでしょう。転覆しやすい傾向があるので、餌のやりすぎには注意が必要です。流通の多くを占める東南アジアからの輸入個体は、寒さに弱いのでヒーターを入れて飼育すると安心です。

この2尾はすこし長めの体型で、ピンポンパールの作出のもとになった「パールスケール」に近いタイプです。

「青文パール」と呼ばれる青文魚のような体色のピンポン。かわいいだけじゃない、渋い魅力があります。

人気の理由にうなずかざるを得ないかわいさ！　きれいな鱗を保つため、ゆっくり育てるといいですよ。

流通量が多い小ぶりのピンポンパール。驚くほどの丸さがかわいい！

ダルマ形の丸々としたボディがお見事。
水槽での鑑賞に向いた金魚ですが、上から見てもこの存在感！

レア・個性派
ニューフェイスな
金魚達

いわきフラっこ

2014年に発表されたばかりの、期待集まる新品種。福島県いわき市の小野金魚園が、地元いわきの地金魚を作るべく、会津地方の地金魚「会津じょっこ」と透明鱗性の玉サバ（玉錦）を交配して作出しました。玉サバのダルマのような体型に、会津じょっこがもつデルタテールを組み合わせた姿が最大の魅力ですが、背びれや各ひれも大きく長く伸長し、横見での鑑賞でたいへん見栄えのする姿をしています。体質は頑丈で、飼育しやすい品種です。まだ流通量が多くありませんが、今後に期待！

玉サバのようなボリューム感あふれる体型に、くびれのない三角形の大きな尾、「デルタテール」が最大の特徴です。これは、普通鱗性の長尾タイプ。盛り上がった背や巨大な背びれがとにかくすごいのひと言。

小野金魚園の水槽で泳ぐ当歳魚たち。ずっと眺めていても飽きない、夢があふれる光景です。

体色は普通鱗性の更紗や素赤、赤白モザイク透明鱗性の桜に加え、アルビノも作出されています。こちらは透明鱗性の短尾タイプ。いい顔してますねえ！

オーロラ

Aurora

埼玉県の伝説的な金魚作出家、「金魚仙人」こと川原やどる氏が作出した多くの品種のなかのひとつ。朱文金と江戸地金（モザイク透明鱗性の地金）を交配して作出されました。体型は朱文金に近い長めのフナ型で、モザイク透明鱗性のキャリコ柄。尾は江戸地金の影響で、四ツ尾となっています。

三州錦《サンシュウキン》

愛知県の三河地方で2000年代に入ってから作出された、比較的新しい品種で、らんちゅうと地金を交配して作出されました。地金と同様に、当歳時に鱗を剥いで調色するのがスタンダードですが、地金と異なり、頭は赤く残して「面かぶり」という柄にするのが好まれるようです。頭に肉瘤が出ている個体も見られます。

麁玉の華《アラタマノハナ》

品種名は静岡県浜松市の地名にちなんだもの。背びれのない長めのらんちゅう体型に長い尾が特徴です。大阪らんちゅうとオランダ獅子頭を交配して作出されました。秋錦や津軽錦に似ていますが、こちらは肉瘤が出ず、より長めの体型をしています。素赤や白もいますが、大阪らんちゅう同様に赤白の更紗模様が好まれます。

鉄魚《テツギョ》

もともとは宮城県の魚取沼《ゆとりぬま》で発見されたフナ類で、ほかのフナ類と異なる性質をもつことから昭和8年に国の天然記念物に指定されました。フナ型の体に吹き流し尾をもち、成長にしたがってすべてのひれが伸長します。日本在来のフナの変異種といわれてきましたが、近年のDNAを用いた研究では、野生のフナと金魚の交雑種であることが示されています。

銀魚《ギンギョ》

背びれがない長めのらんちゅう体型に長い尾をもち、名前の通り全身を銀色の鱗に覆われた、きらびやかな品種です。1960年代に中国から輸入されたもので、現在ではごく一部の愛好家や養魚施設で飼い継がれているようです。東京都江戸川区の金魚展示場で見ることができます。

フナと金魚のハイブリッド!?
鮒金のはなし

金魚愛好家、杭全《くいた》氏の試みから生まれた「杭全鮒金」が近年、流通しています。これは、透明鱗性の通称「銀河鮒」と、いくつもの品種の金魚を野池で何代も自然繁殖させたもので、さまざまな色柄や体型のものが出現します。形質が安定した品種といえるものではありませんが、そのおもしろさから人気が出ています。

オランダ獅子頭タイプ

肉瘤の出る頭と長いひれが特徴のグループ。豊富な色柄、しっかりとした体型も魅力です。

オランダ生まれじゃないけれど……

オランダ獅子頭

オランダシシガシラ

体色：素赤、更紗

鱗性：普通鱗

尾の形：四ツ尾、桜尾、三ツ尾

入手しやすさ：★★★★★

飼いやすさ：★★★★☆

大きな肉瘤《にくりゅう》をもつ愛嬌のある顔、そして量感たっぷりの体に長く優雅なひれの組み合わせがときめきポイント。江戸時代に中国から輸入された金魚で、舶来品を指す「オランダもの」と、獅子の頭のように発達する肉瘤が名前の由来です。

　がっしりした体に、成長とともに伸長するひれをもち、大きく育った個体はとくに太みが増してたいへん迫力があります。

体型には大きく分けて「長手」と「丸手」があり、どちらも素赤や更紗模様が基本ですが、最近では色模様や体型、ひれの形にさまざまなバリエーションが登場しています。

　流通量が多いので入手しやすく、丈夫で飼いやすい品種のひとつです。かなり大きくなる素質があるので、水量豊かな水槽や池でゆとりをもって飼育するのがおすすめです。

白がち更紗の丸手オランダです。
つぶらな瞳とちょこんとのった
口紅がキュート！

全身真っ赤な素赤のオランダ
獅子頭。 色はシンプルですが、
その存在感はピカイチ！

同じ品種でも、いろいろな
タイプがいるのがおもしろ
い。好みの子に出会えたら、
それは運命です！

花房オランダとも呼ばれる、鼻孔摺(びこうしゅう)の発達するタイプです。泳ぐたびに花房がプルプル揺れて、実にかわいい!

高頭(こうとう)オランダと呼ばれる、肉瘤が上方向に大きく発達するタイプです。正面から見るとリーゼントみたい!?

日本オランダ

一般的な丸みの強いオランダ獅子頭よりも、古くから日本で飼われてきた長手のオランダ獅子頭。四国で盛んに飼育されていることから、「四国オランダ」とも呼ばれます。迫力ある伸びやかな姿態がなによりの魅力。

ジャンボオランダ

ジャンボ獅子頭とも呼ばれ、おもに九州で生産される巨大な金魚です。長手のオランダ獅子頭のなかで、とくに大きくなる個体を選抜交配したもの。写真は小さな２歳魚ですが、成魚は全長が40㎝を優に超えます。派生品種にキャリコ柄の「ジャンボ東錦」があります。

ジャンボオランダのアルビノタイプ。

アルビノオランダ

目が赤く、体は薄い橙色をしたオランダ獅子頭。メラニン色素が欠乏したアルビノタイプです。

黒オランダ

全身漆黒のオランダ獅子頭。東南アジアから輸入されるものが多いようです。素赤や更紗のオランダと混泳させると、水景がピリッと引き締まっておすすめ!

竜眼

オランダ獅子頭の出目タイプを竜眼と呼びます。愛嬌のある顔がいい味を出していますね。流通量は少ないですが、ときどきお店で見かけます。

関東生まれの「東」です

東錦

アズマニシキ

迫力あるオランダ獅子頭の体型に、キャリコ柄、墨（黒）を散らした長いひれの組み合わせが美しい。昭和初期、オランダ獅子頭と三色出目金の交配で作出されました。品種名「東」は作出地の関東地方にちなんだものです。

体型はオランダ獅子頭同様に丸手と長手がありますが、お店で見かけるものの大半は丸手タイプです。長手タイプは「関東東錦」「本東錦」と呼ばれ、流通量は少なめです。また長手タイプには、浜錦との交配で肉瘤が大きく発達する形質を安定化した「鈴木東錦」もいます。体色

一般的な、やや丸手の東錦。この個体は赤が多めで華やかな印象を受けますね。尾びれには墨（黒）が適度に入って、とてもきれいです。

バランスのとれたキャリコ柄に出会うのは本当に難しい。きれいな浅葱色に赤と白、パラッと振りかけたごま塩のような墨が理想です！

体色：キャリコ
鱗性：モザイク透明鱗
尾の形：四ツ尾、桜尾、三ツ尾
入手しやすさ：★★★★☆
飼いやすさ：★★★★★

は浅葱色を基調としたモザイク透明鱗性のキャリコ柄ですが、いくつかのバリエーションがあります。

　オランダ獅子頭と同様に、丈夫で飼いやすい品種です。

さまざまな表情を見せるキャリコ柄。好みにあった色や模様を探すのも、楽しみのひとつです。

仲のよさそうな2尾。頭の形や尾の墨（黒）の入り方もずいぶん違います。どちらの柄も魅力たっぷり！

関東東錦

東錦発祥の地、関東地方の愛好家によって代々飼育されてきた長手の東錦で、「本東（ほんあずま）」とも呼ばれます。かなり大きくなりますが、肉瘤の発達は控えめで、赤い頭に浅葱の背、尾に蛇の目（付け根まわりが黒いこと）の組み合わせを理想としています。

鈴木東錦

埼玉県の鈴木養魚場で、関東東錦と浜錦を交配して作出された品種です。さわやかな浅葱色が映える長手のボディに、浜錦ゆずりの大きく発達した肉瘤が魅力です。普通鱗性の個体は全身が黒く、「ブラックドラゴン」や「黒龍」などの名前で流通しています。

萩雲青《はぎうんせい》

静岡県浜松の養魚家、萩本氏が鈴木東錦から作出した、全透明鱗性で浅葱色がよく発色したタイプです。涼しげな色合いで、発達した肉瘤と黒い目が愛らしい金魚です。よく似たタイプに、関東東錦から作出された「天青（てんせい）」があります。

この桜吹雪が目に入らぬか!?

桜東錦

サクラアズマニシキ

桜の花びらを連想させる色合いがとてもきれい。キラリと光る銀色の普通鱗が、この魚の魅力をいっそう引き立てています。

体色：更紗（桜）
鱗性：モザイク透明鱗
尾の形：四ツ尾、桜尾、三ツ尾
入手しやすさ：★★★☆☆
飼いやすさ：★★★★☆

東錦と同じモザイク透明鱗性ですが、赤白を基調にした透明感のある繊細な雰囲気と、迫力あるオランダ体型のギャップをもちあわせています。略して「桜東《さくらあずま》」と呼ばれることが多いようです。

東錦のなかで黒の色素が少ないものを安定化した品種です。体型はオランダ獅子頭や東錦と同様に丸手と長手がありますが、流通のほとんどは丸手タイプで、長手はあまり見かけません。体色は更紗模様で、ところどころに普通鱗の銀色をちりばめているといっそう見栄えがします。

東錦と同じく、丈夫で飼いやすい品種です。オランダ獅子頭や東錦と同じ水槽で泳がせると、よいアクセントとなってお互いを引き立てるでしょう。

苺を連想させるようなボディに、
ぷっくりした肉瘤とまっ黒な目
の組み合わせ。どうしてそんな
にかわいいの!?

桜のパステルピンク色は比
較的新しいジャンルで、い
ろいろな品種に登場してき
ました。桜東錦もそのひとつ。
今後が楽しみな品種です。

淡い桜色の金魚たちが
群れ泳ぐ姿は、まさに
桜吹雪。

ひと目会ったら忘れられない

丹頂

タンチョウ

体色：白い体に赤い頭
鱗性：普通鱗
尾の形：四ツ尾、三ツ尾、桜尾
入手しやすさ：★★★★★
飼いやすさ：★★★★☆

頭だけが赤いのです

高頭タイプはキュートで、日の丸のような日本タイプはお上品。どちらも捨てがたい魅力があります。

白銀に輝く体に、真っ赤な頭の鮮やかなコントラストがときめきポイント。品種名は丹頂鶴にちなんで名付けられたものです。中国で品種改良され、日本には戦後に輸入されました。

体型はいわゆるオランダ型で、ボリューム感のある体に長いひれをもちます。大きく分けてふたつのタイプがあり、やや長手でひれも長く、頭部の肉瘤の成長が遅いものと、丸手でひれが短め、小さなうちから肉瘤が大きく発達するものがあり、後者を高頭《こうとう》丹頂として区別することもあります。

流通量は多く入手は容易で、体質も頑丈で飼いやすい品種です。ほかの品種との混泳もよいですが、丹頂だけで群泳させるのも整然とした美しさがあっておすすめです。

高頭タイプの丹頂は、赤いベレー帽をかぶっているかのよう。一度見たら忘れられないインパクトがあります。

こちらは肉瘤が控えめなタイプ。同じに見える模様にもそれぞれ個性があり、互いに美しさを競っているかのようです。

一風変わった青の渋さが通好み

青文魚

セイブンギョ

地味に見えるのに、長く愛されているのは、やっぱりいぶし銀が魅力的だから。この渋さがいいのです！

一見地味な色ですが、光が当たると得もいわれぬ輝きを放ちます。大人好みの金魚かも。

金魚としては珍しい、藍色がかったシックな色合いが魅力。昭和30年代に中国から輸入されました。

体型はオランダ獅子頭と同様で、頭部は肉瘤のあまり発達しないタイプと、若魚のうちから大きく発達する高頭タイプがあります。青文魚独特の体色は黒い色素の濃淡で表現されていて、個体によって色合いに差があります。また、成長にともない色が抜けて白くなってくる個体も多く、白と青のツートーンカラーになった柄は「羽衣《はごろも》」、真っ白になった個体は「白鳳《パイフォン》」と呼ばれます。

流通量は比較的多く、体質は頑丈で飼いやすい品種です。赤い金魚と混泳させると、落ち着いた色合いで互いを引き立てあいます。

体色：藍色がかった青
鱗性：普通鱗
尾の形：四ツ尾、三ツ尾、桜尾
入手しやすさ：★★★☆☆
飼いやすさ：★★★★☆

茶金

チャキン

なんだかおいしそう? チョコレートオランダ

写真は若い個体ですが、大きく育つと重量感が増し、凄みさえ感じられるほどに。この渋さ、たまりません

ほかにはない、茶色は、地味にみえて案外、華やか。ダンディ、という言葉が似合いますね。

体色：茶色
鱗性：普通鱗
尾の形：四ツ尾、三ツ尾、桜尾
入手しやすさ：★★★☆☆
飼いやすさ：★★★★☆

量感たっぷりなオランダ型の体型と、金色味をおびて輝く茶色がときめきポイント。中国で作出され、戦後、日本に入ってきた品種です。英名は「チョコレートオランダ」。

体型はオランダ獅子頭と同様で、肉付きのいいボリューム感ある体に長いひれがついています。また、琉金に近い形をしたタイプや、鼻孔褶《びこうしゅう》が発達したタイプ（茶金花房）など、いつくかのバリーションが見られます。体色は普通鱗性の茶色ですが、赤みの強いものや暗めの茶色など、変異があります。また、茶色が抜けて部分的に赤くなった個体も見かけることがあります。

流通量はあまり多くありませんが、体質は頑丈で飼いやすい品種です。ほかの品種と混泳させることで、独特の色合いがいっそう際立つことでしょう。

青空と黄金の稲穂を背負った金魚

穂竜

ホリュウ

出目と肉瘤が作り出す愛らしい表情と丸く膨らんだ体にパール鱗、そして個性的な体色が印象的。兵庫県の榊誠司氏が約30年をかけて作出した品種で、1990年代になって全国的に知られるようになりました。

胴はパール鱗に覆われた丸みが強いもので、長いひれをもち、成魚では肉瘤がよく発達します。体色は青みを帯びた地色に、黄色や黄褐色の斑紋があり、品種名の由来となった「青空の下に実る黄金の稲穂」のイメージです。

流通量は多くありませんが、近年では見かける機会が増えてきました。体質はややデリケートなので水質の管理に注意しましょう。

体色：青の地に黄褐色の斑紋
鱗性：パール鱗（普通鱗）
尾の形：四ツ尾、桜尾、三ツ尾
入手しやすさ：★★☆☆☆
飼いやすさ：★★★☆☆

この色柄はまさに「青空の下の稲穂」。顔つきの愛らしさも高ポイントです。

黄色みが鮮やかで、黄金の稲穂をほうふつとさせる一尾です。こんな表現も素敵ですね。

不思議な魅力をたたえた青銀の色合い。そしてこの愛くるしい表情ときたら！

野武士を思わせる風貌が魅力です。パール鱗をまとった太い胴が、鎧に見えませんか？

百花繚乱

変わり竜

カワリリュウ

体色：黒白、キャリコ
鱗性：パール鱗（モザイク透明鱗）
尾の形：四ツ尾、桜尾、三ツ尾
入手しやすさ：★★☆☆☆
飼いやすさ：★★★☆☆

黒青竜《こくせいりゅう》

浅葱色に黒い斑が入るタイプを「黒青竜」と呼んでいます。丸いボディの愛らしさとクールな色合いで人気です。

五花竜《ごかりゅう》

基本の黒、浅葱、白に赤や黄色などが出る表現が「五花竜」です。その華やかな姿にもう夢中。

出目と肉瘤、丸い体にパール鱗と、穂竜と形を同じくして、モザイク透明鱗性のキャリコ柄のタイプが「変わり竜」です。穂竜から作出された、さらに新しい品種で、いまも愛好家の人たちが、美しい色と形を求めて努力を続けています。

黒、浅葱、白の模様が「黒青竜」、そこに赤も混じったものが「五花竜」と、色合いのバリエーションごとに名前がつけられています。流通量は穂竜よりも少なめ。飼育は穂竜と同様と考えていいでしょう。

モザイク透明鱗が優しさと愛嬌を作り出しています。穂竜がお姫様に変身したみたいですね。

頭にハートの王冠を載せて 浜錦・高頭パール

ハマニシキ・コウトウpearl

浜錦

ふたつに分かれたハート形の肉瘤が最大の魅力です。成魚では目が隠れるほど大きな肉瘤になることも。出目のタイプは「竜眼浜錦」として流通しています。

ひと味違った個性的な肉瘤がチャームポイント。正面から見ると、ハート形なのが、なんともキュート。

高頭パール

こちらは風船のような丸い肉瘤と、その下からのぞくつぶらな瞳が魅力いっぱい。

体色：素赤、更紗
鱗性：普通鱗、モザイク透明鱗
尾の形：四ツ尾、桜尾、三ツ尾
入手しやすさ：★★★☆☆
飼いやすさ：★★★☆☆

ぷっくりと大きく膨らんだ肉瘤と、その下からのぞくつぶらな目、丸い体型がときめきポイント。肉瘤は頭の上にぷっくりと風船のように盛り上がり、体は球体を思わせるような丸みのあるスタイルが特徴です。

高頭パールは中国で作出された品種で、名前のように真珠を輪切りにして張り付けたような「パール鱗」に覆われています。この高頭パールを日本で品種改良したものが「浜錦」で、大きく二分割された肉瘤をもち、普通鱗性がスタンダードです。流通量は少なくありませんが、最近は高頭パールと浜錦の区別が曖昧となり、販売店でもしばしば混同されています。

体質はややデリケートですが、水の汚れや鱗の剥がれやすさに気をつければ、飼育は難しくありません。

らんちゅうタイプ

背びれのない卵型体型のグループ。プリプリの肉瘤も魅力です。

伝統を受け継ぐ、王様の風格

らんちゅう

ランチュウ

大きく発達した肉瘤と低い背が、これぞ「宇野らんちゅう」という一尾です。迫力のなかに、かわいらしさを失っていないのがすばらしい！

体色：素赤、更紗
鱗性：普通鱗
尾の形：四ツ尾、桜尾、三ツ尾
入手しやすさ：★★★☆☆
飼いやすさ：★★★☆☆

肉瘤の発達する頭と、背びれがなくぷっくりとした体に小さなひれでチョコチョコと泳ぎ、迫力と愛らしさを同時に感じさせるところがときめきポイントです。愛好家が多く、品評会が最も盛んな金魚でもあります。

和金の変異で背びれがなくなった「マルコ」を品種改良したもので、江戸時代終盤から明治にかけて、肉瘤の発達する現在のらんちゅうに近い形となり、明治初期にはすでに品評会も行われていたようです。

頭部の肉瘤は大きく発達し、背びれのない卵型の体で、各ひれは体に対して短めです。体色は素赤や赤白の更紗模様が基本ですが、最近ではバリエーションとして黒や茶色、青、網透明鱗性タイプなども流通しています。

体質はまずまず丈夫で、観賞用に飼うぶんには、飼育は難しくありません。泳ぎが速くないので、ほかの品種と混泳させる場合は、らんちゅう型のものだけにしたほうがよいでしょう。

このページの４尾は「宇野らんちゅう（宇野系）」と呼ばれるタイプ。「獅子頭」と呼ばれる肉瘤の発達や、餌の多さに頼らない胴の幅、更紗模様の美しさなどを重視します。京都の陶芸家、宇野仁松氏がその考え方を説き、関西を中心に広まりました。

形、色柄の質を追求するのも、かわいい姿をひたすら愛でるのも、どちらの飼い方も楽しい、金魚の王様！

宇野らんちゅうの特徴のひとつが、美しい更紗模様。なかにはこのように、丹頂鶴のような色柄もみられます。尾に少し入った赤も洒落ています。

おもに尾の形や泳ぎのよさに主眼をおき、品評会のために大きく育てられることが多いのが、「協会系」と呼ばれるらんちゅうです。同じらんちゅうながら、考え方の違いによって、宇野系とは大きく異なる姿を見せています。

頭部前方に大きく発達した「フンタン（吻端）」と呼ばれる肉瘤、そして胴から尾筒まで、豪快なまでの太さを見せる素赤のらんちゅう。成人男性でも手に余るほどの、大迫力の親魚です。

こちらは若々しさの残る2歳魚ながら、すばらしい重量感。しかもかわいらしさを兼ね備えています。こんならんちゅうには、そうそうお目にかかれませんよ！

愛媛「媛らん会」会長のお宅を訪問。ゆったりとした広い池で泳ぐ、らんちゅうたちの姿形のよさはもちろんのこと、グイグイと水をかいて力強く泳ぐ姿がとても印象的。

黒らんちゅう

全身真っ黒ならんちゅうで、東南アジアから輸入される個体が多いようです。小さな個体は比較的リーズナブルに流通しているので、自宅でじっくり育てるのも楽しそう。

青らんちゅう

愛知県弥富市の深見養魚場で作出された、青文魚の体色のらんちゅう。褪色して白と青のツートーンになった羽衣らんちゅうも見かけます。

侘び寂び感じる出雲の銘魚

南京

ナンキン

真珠のような光沢がいいですね！　本場の出雲では、赤が少ない個体が好まれるようです。

まぶしいほど白く輝くボリューム感のある体に、小さな頭の組み合わせが上品な雰囲気をただよわせています。江戸時代中期の松江藩で、松平治郷（不昧公）の推奨によって作出・改良され、その後も島根県の出雲・松江地方で飼い継がれてきた地金魚で、出雲南京とも呼ばれます。昭和57年には、島根県の天然記念物に指定されました。

先細りの小さな頭部に肉瘤は発達せず、背びれがなく、上から見ると尾に向かって太くなる卵のような体型。やや大きめの四ツ尾がつきます。体色は赤が好まれるほかの品種とは異なり、白がちの更紗や全身白いものがよいとされます。

流通量は少ないですが、近年では店頭で見かける機会が増えてきました。体質はデリケートで、水質の管理に注意が必要です。かなり大きくなるので、水量の豊かな水槽や池で、のびのびと泳がせるのが理想的です。

長く守られてきた、白く美しい佇まいに伝統を感じます。これからも大切に残していきたい品種です。

体色：白がち更紗、白
鱗性：普通鱗
尾の形：四ツ尾
入手しやすさ：★☆☆☆☆
飼いやすさ：★☆☆☆☆

侘び寂びの金魚といわれるように、白がちの体が気品さえ感じさせます。

赤が多めの個体には華やかさがあります。南京は当歳時に梅酢などを用いて調色し、柄を整える技術が伝承されています。

まるで水中のチアガール!?

花房

ハナフサ

ほかの品種にも花房は出ますが、背びれのない体型とポンポンの組み合わせが、一番、似合います！

若い個体なので鼻孔摺が小さめですが、成長にともない大きくフサフサになっていきます。

江戸花房／キャリコ花房

モザイク透明鱗性のキャリコ柄。これは色柄も形もよくまとまった、華のある魚です。

体色：素赤、更紗
鱗性：普通鱗
尾の形：四ツ尾、三ツ尾、桜尾
入手しやすさ：★★☆☆☆
飼いやすさ：★★★☆☆

房状に大きく発達した鼻孔摺をユラユラ揺らしながら泳ぐ姿がときめきポイント。昭和30年代に中国から輸入されたもので、「中国花房」や「花房らんちゅう」とも呼ばれています。

背びれのない体型に小さなひれをもち、大阪らんちゅうによく似ていますが、花房のほうが鼻孔摺が大きく発達すること、尾が平付けでないことなどで区別されます。体色は普通鱗性の素赤や更紗が基本。キャリコ柄タイプが「江戸花房」「キャリコ花房」として流通することがありますが、どのタイプも近年は流通量が少ないようです。

体質は丈夫で飼育は難しくありませんが、ほかの金魚や障害物との接触で鼻孔摺が取れてしまうことがあるので、個体数を少なめに、ゆったりとした環境で飼うのがおすすめです。

大阪らんちゅう

絶滅の危機から復活を目指して！

オオサカランチュウ

体色：更紗
鱗性：普通鱗
尾の形：三ツ尾、桜尾、四ツ尾
入手しやすさ：★☆☆☆☆
飼いやすさ：★★★☆☆

これぞ大阪らんちゅう、という一尾。丸尾と呼ばれる、先の丸い大きな三ツ尾が目を引きます。

卵型の体に左右に大きく広がる尾、幅のある小さめの頭に鼻孔摺（鼻ヒゲ）がついた愛嬌ある表情が魅力的。江戸時代から昭和初期にかけて大阪を中心に富裕層の間で流行、品評会も盛んでしたが、第二次世界大戦とその後の混乱の中で一度はほぼ絶滅。わずかに残っていた個体と他品種の掛け合わせを元に、現在も復元が進められています（P.104）。

体型は背びれのないらんちゅう型ですが、肉瘤はあまり発達しません。体は太くがっしりしたものがよしとされ、水平に大きく広がる「平付け尾」がつきます。色は更紗が基本で、古い文献には色模様の細かな規定が記されています。

流通量は少なく、体型のよいものは、さらに希少です。体質は比較的丈夫で飼いやすく、飼育は難しくありませんが、泳ぎが下手なので他品種との混泳は苦手です。

更紗模様に個性があふれる、あどけなさ残る2歳魚たち。不器用な泳ぎ方がまたかわいい！

らんちゅうとは、また違った独特のたたずまいが魅力です。復元に取り組む人たちに感謝！

豪快な印象を受ける親魚。まぶしい白銀の地に点々と赤が入るのを「飛び更紗」や「小豆更紗」と呼びます。

丸手の三歳魚たち。このように全身が赤く、体に太みがあって尾幅の広い魚が種親に向いています。

体軸と水平についた「平付け尾」がよくわかります。体型や色柄のいい一尾です。

まだひれの先に黒が残る当歳魚。鼻孔摺、口、目巣（めそう）、エラぶたが赤い個体を「頭道具揃（かしらどうぐぞろえ）」と呼び珍重します。

花のお江戸のキャリコ柄

江戸錦

エドニシキ

昭和26年に、金魚商の二代目・秋山吉五郎氏が、背びれのないらんちゅうとキャリコ柄の東錦の交配で作出した品種です。品種名「江戸」は作出地にちなんだもの。

体型はらんちゅう同様の卵型で、短いひれがついています。肉瘤は、らんちゅうほどには大きくならない個体が多いようです。体色は浅葱色を基調に、赤や黒、銀色の入るモザイク透明鱗性のキャリコ柄で、よい体型と色柄の両立が難しいといわれています。近年は中国からの輸入も多く、体色にもいくらかのバリエーションが見られます。また、東錦の血を引いているため、ひれの長いタイプが出現し、「京錦」と呼ばれます。

体質はまずまず丈夫な部類で、水の管理などに気をつければ飼育は難しくありません。らんちゅうと泳がせると、水槽の雰囲気に変化が出て楽しいものです。

体色：キャリコ
鱗性：モザイク透明鱗
尾の形：四ツ尾、桜尾、三ツ尾
入手しやすさ：★★★☆☆
飼いやすさ：★★★☆☆

丸みの強い体型に、キャリコ柄が映えますね。どちらも浅葱色がしっかり入ったいい魚です！

キャリコ柄はとくに個性が出る色柄です。好みの一尾を見つけたいですね。

らんちゅう体型にもキャリコ柄が似合うのだ、と思わせてくれた品種。いい子を探す難しさもまた楽しみ。

京錦

江戸錦と同じ体型、体色で、ひれの長いタイプを「京錦」と呼びます。頭の赤もいいですね！

京しぐれ

京錦の全透明鱗性タイプで、浅葱色が強く出たもの。

桜色ブームの立役者

桜錦

サクラニシキ

淡い赤白の更紗模様がすばらしい一尾です。散りばめられた銀鱗が、いっそう魅力を高めています。

体色：更紗（桜）

鱗性：モザイク透明鱗

尾の形：四ツ尾、桜尾、三ツ尾

入手しやすさ：★★★☆☆

飼いやすさ：★★★☆☆

桜を連想させる淡い赤白の色柄と、らんちゅう体型の組み合わせの妙がときめきポイント。愛知県弥富市の深見養魚場で、江戸錦から生まれる黒の色素が少ないモザイク透明鱗性の個体を、普通鱗性のらんちゅうと交配して作出したものです。

江戸錦に比べると、よりらんちゅうに近い体型で肉瘤の発達もよい傾向があります。体色はモザイク透明鱗性の更紗模様で、個体によってはキラリと輝く銀色の普通鱗がよいアクセントになっています。

体質は比較的丈夫で、金魚飼育の基本的な事柄に気をつけていれば飼育は難しくありません。らんちゅうや江戸錦と泳がせると、水槽がいっそう華やかになってよいものです。

色合いも形も、桜錦の魅力が
ぎゅっと詰まった一尾ですね。
手元において毎日眺めていたい。

金魚界にパステルピンクを
もちこんだ革命児！ 力強
さやはかなさ、色と柄の入
り方で表情もさまざま。

成長過程で赤色が抜け、白く
なった桜錦ですが、すばらしい
体型です。わずかに残った赤の
差し色も洒落ています。

甦った青森の地金魚

津軽錦

ツガルニシキ

江戸時代から津軽地方で飼育されていた歴史ある品種ですが、第二次世界大戦中に一度絶滅しました。現在の津軽錦は戦後、らんちゅうと東錦との交配で30年近い年月をかけて復元されたものです。金魚ねぷたのモデルとしても知られています。

体型はらんちゅうに似ていますが、肉瘤はあまり発達しません。各ひれは長く伸長し、とくに尾は長くて優美な雰囲気を漂わせます。体色は普通鱗性の素赤や更紗が基本ですが褪色が遅く、幼魚時のフナ色のまま大きくなる個体が少なくありません。また東錦の血を引くため、モザイク透明鱗性のタイプが生まれ、

渋みのある魅力的な色合い。津軽錦は褪色が遅く、親魚でもフナ色を保っている個体が少なくありません。

体色：素赤、更紗
鱗性：普通鱗
尾の形：四ツ尾、三ツ尾、桜尾
入手しやすさ：★☆☆☆☆
飼いやすさ：★★★☆☆

津軽錦の復元に尽力された三輪薫氏にちなみ「三輪錦」と名付けられています。

流通量は少なく、入手は難しい部類に入ります。体質は丈夫で、飼育はそれほど難しくありません。

褪色して素赤になった個体。大きくなるとさらにひれが伸び、風格を増すことでしょう。

褪色途中の、金色のような、銀色のようなしみじみとした不思議な色合いが、なんとも魅力です。

三輪錦《みわにしき》

モザイク透明鱗性の津軽錦を「三輪錦」と呼びます。普通鱗性のものに比べ、繊細ではかなげな姿に惹かれます。

秋錦

シュウキン

らんちゅうとオランダのいいとこどり!?

体色：素赤、更紗、青
鱗性：普通鱗
尾の形：四ツ尾、三ツ尾、桜尾
入手しやすさ：★★☆☆☆
飼いやすさ：★★★☆☆

素赤のシンプルな色柄が、秋錦の特徴を引き立てています。ひれが伸びやかで美しい。

更紗模様の秋錦。優雅さのなかに豪快さもちあわせ、秋錦らしい魅力に満ちた一尾です。

背びれはなくても意外に泳ぎ上手。あまり見かけませんが、もっと有名になってほしい品種のひとつです。

渋い色合いの青秋錦。黒の色素が抜けた「銀秋錦」、白黒ツートーンの「羽衣秋錦」などもいます。

金魚商の初代・秋山吉五郎氏がオランダ獅子頭とらんちゅうを交配して作出したもので、「秋錦」は秋山氏の頭文字にちなんだものです。大正時代に一度絶滅しましたが、その後、養魚家らによって復元されました。

体型は背びれのないらんちゅう型ですが、やや長手で肉瘤が発達し、長いひれをもつことから「背びれのないオランダ獅子頭」といった雰囲気です。体色は素赤や更紗が基本ですが、近年では弥富の深見養魚場がらんちゅうと青文魚の交配で作出した「青秋錦」も見かけます。

流通は多くありませんが体質は比較的丈夫で、飼育はとくに難しくありません。

熱視線にメロメロ

頂天眼

チョウテンガン

体色：素赤、橙色、更紗
鱗性：普通鱗
尾の形：四ツ尾、桜尾、三ツ尾
入手しやすさ：★★★☆☆
飼いやすさ：★★★☆☆

一番多く流通している、細長い体型の頂天眼。アイコンタクトの瞬間がたまりません！

上を向いた目が、なんともユニーク。いつも目が合う、世話をするのが楽しくなる品種です。

赤い個体は、丸みのある太めの体つきで、なかなか貴重なタイプ。黒い個体は「頂天花房」とも呼ばれる、鼻孔摺が発達したタイプ。

餌やりのときなど、互いの目と目が合う瞬間が楽しい金魚。中国原産で、日本には明治時代から輸入されています。出目金の突然変異から作出されたと考えられますが、中国には「目が上を向くよう、口の小さい瓶に出目金を入れ、何世代も上ばかり見せて飼育して作った」という逸話が残っています。

背びれのない細長い体に、突出した上向きの目をもち、尾は小さな三ツ尾や四ツ尾です。体色は普通鱗性の素赤や更紗がほとんどです。

たいへん個性的な金魚ですが、流通量は少なくありません。飼育も比較的簡単ですが、目があまりよくないので、泳ぎの速い品種との混泳は避けましょう。

揺れる水泡がハートを直撃！

水泡眼

スイホウガン

大きな水泡を揺らして泳ぐ姿が目に浮かびます。シンプルな色柄が、姿態のよさを引き立てています。

体色：素赤、更紗、キャリコ
鱗性：普通鱗、モザイク透明鱗
尾の形：四ツ尾、桜尾、三ツ尾
入手しやすさ：★★★★☆
飼いやすさ：★★★☆☆

目の下にある大きな水泡をプルプル揺らしながら泳ぐ姿が、一番のときめきポイント。中国生まれの品種で、日本には昭和30年代に輸入されました。

背びれのない長めの体型で、大きめの尾がついています。最大の特徴はやはり目の下に大きく発達する水泡で、これは下まぶたにあたる部分が肥大したもの。水泡の大きさにはかなり個体差があるので、好みのものを探しましょう。体色は普通鱗の素赤や更紗が一般的ですが銀や黒、モザイク透明鱗性のキャリコ柄も見かけます。

流通量は比較的多く、体質は比較的丈夫で、飼育自体は難しくありません。ただ水泡があるぶん泳ぎが下手なので、動きのすばやい品種との混泳は避け、水槽内に障害物となる物は入れないようにしましょう。

キャリコ柄の水泡眼。左右の水泡のバランスがよいものや、好みの色柄を探すのが楽しい！

赤白更紗の水泡眼。水泡まで上下でツートンカラーになっていてオシャレ！

ブルンブルンと揺れる水泡が最高に魅力的。大きなものは迫力さえあります。目が合うせいか、人によくなれます。

column

かわいい金魚の写真を撮る

美しくレイアウトした水槽や、真っ白な洗面器を気持ちよさそうに泳ぐ金魚たち。そんな姿を見ていると、写真に撮りたくなってきます。できるなら、その金魚の個性やかわいらしさまで写しとめたいものですね。はじめは少し難しく感じるかもしれませんが、大丈夫。コツさえつかめば、思いどおりに撮ることができるようになります。

まずは飼育と同じで金魚をよく観察することです。大きく口を開けて迫ってくるユーモラスな表情、ポコっと泡を吐くタイミング、泳いでいた金魚がピタッと止まったり、体をひるがえす瞬間など。観察すればするほど、シャッターチャンスが見えてきます。

次にカメラです。水槽が十分に明るい場所にあれば、スマートフォンやコンパクトタイプのデジタルカメラでも、きれいな写真が撮れます。金魚の動きが止まるなど、変化を見せた一瞬を狙って、すばやくシャッターを押しましょう。よく懐いた金魚なら、指を出して呼び寄せたりすると、いっそうかわいい写真が撮れるでしょう。

もっと本格的に写したいとか、暗い場所、動きのあるシーンを写しとめようと思ったら、レンズ交換式の一眼カメラに、被写体を大きく写すことができるマクロレンズを組み合わせるのがおすすめです。オートフォーカスの設定をC-AF（動いているものにもピントを合わせ続けるモード）にし、シャッタースピードを1/500秒以上になるよう設定。基本的には金魚の目にピントを合わせつづけるようにします。連写も有効ですが、金魚の次の動きを読むのが、なによりのコツといえます。

金魚を美しく見せるのはなんといっても太陽の光ですが、暗い室内ではストロボを使うのも有効です。また、水槽のガラスや水面に、カメラや撮影者自身が映りこんでしまうことがあります。こんなときは、レンズの前に円偏光（C-PL）フィルターをつけると、映り込みや余計な反射を消すことができます。ただし光量が落ちてブレやすくなるのでご注意を。

金魚の写真を撮っていると、それまで気づかなかった美しさや仕草のクセ、おもしろさに気づくことがあります。そしてときどき撮影しておくと、金魚の成長記録にもなりますから、かわいい金魚にはぜひカメラを向けましょう。そこには胸ときめく、新たな世界が広がっているかもしれません。

story
3

もっと知りたい金魚のこと

金魚らしさといえば、その不思議な形と同じものはふたつとない色と柄。昔から愛でられてきた、美しい金魚の姿に深く迫ります。

1 色も柄もさまざま。金魚の多彩さは無限大

伝統的な金魚には「和金なら素赤と更紗」というように、この品種はこの色や柄というスタンダードがありますが、それ以外にも多くの色柄があり、金魚の世界を多彩にしています。金魚の体色を表現するのに、大きな役割を果たしているのが、体を覆う鱗です。

金魚の鱗のうち、鱗を銀色に見せる「虹色素胞」が裏全面にあるのが普通鱗、虹色素胞の発達が悪く透明な部分があるのが網透明鱗。虹色素胞をすべて欠いたのが透明鱗です。その鱗のあり様を示すものとして「普通鱗性」、「全透明鱗性」、網透明鱗からなる「網透明鱗性」、透

猩々《しょうじょう》

ひれの先まで赤が入るタイプを、想像上の真っ赤な生き物「猩々」になぞらえて、こう呼びます。

六鱗《ろくりん》

体が白く、各ひれが赤い色柄を「六鱗」と呼びます。とくに地金では、褪色が起こるころに鱗を剥いで、人工的にこの模様を作ります。

腰白《こしじろ》

赤い体の腰に当たる部分だけが白くなった模様をこう呼びます。とくにらんちゅう愛好家の間では、更紗模様にさまざまな名前がつけられています。

明鱗に普通鱗が混在する「モザイク透明鱗性」があります。それらの鱗の表面に赤、黒、白、黄の色素、それに皮下の色も加わって、金魚のさまざまな色を表現しています。

　金魚の多彩な色模様は、古くから楽しまれてきたようで、いろいろな呼び名が現在に伝わっています。同じ普通鱗性の赤色でも、「猩々」、「鹿の子」、「口紅」。なんとも洒落た表現ではありませんか。透明鱗性には「浅葱」、「桜」、「紅葉」……なんとも風流です。

　最近では、白と黒の「パンダ」、赤と黒なら「レッサーパンダ」、縮緬状になった鱗が光を乱反射するものに「キラキラ」と名付けるなど、現代のセンスもなるほど、と思わせるものがあります。さて、次はどんな色柄と名前が生まれてくるのでしょうか。

浅葱《あさぎ》

透明鱗の皮下に黒の色素があるため、深みのある青色に見えます。キャリコ柄の金魚では、この浅葱の美しさが求められます。

鹿の子《かのこ》

オランダ獅子頭など更紗の金魚によく見られる、白い縁取りのある赤い鱗が並んだ模様。非常に美しく、多くは現れない貴重な模様。

口紅

白い顔の口の部分だけが赤い、まさに紅をさしたような愛らしさ。珍しい柄のようでいて、意外とよく見つかるので、ぜひ探してみて！

桜

モザイク透明鱗性の金魚のうち、浅葱色や黒を欠いた紅白更紗の模様を「桜」と呼びます。銀色の普通鱗が点在するタイプはさらに魅力的。

もみじ

部分的に虹色素胞のある網透明鱗性の個体を色にかかわらず「もみじ」と呼びます。深みのある体色で、網目状に銀色が入る洒落た表現。

アルビノ

黒色の色素（メラニン）を先天的に欠くタイプで、赤い目が特徴。金魚には赤や黄色の色素もあるため、アルビノでも真っ白にならないケースも多くあります。

2

野生下では圧倒的不利!?
金魚の形の不思議

土佐錦魚の反転した大きな尾、らんちゅうの背びれのない体、プルプルと揺れる水泡眼の大きな袋……、本当に先祖はフナだったの?と尋ねたくなるほど、不思議な姿をした金魚たち。とはいえ、魚としての体の基本が大きく変わることはありません。

視力は人にたとえると0・1～0・2。人間の数万倍もの嗅覚をもち、餌を見つけるだけでなく仲間や敵を見分けるのにも役立てているようです。また、餌を食べてモグモグしているようにみえるのは、喉の近くにある「咽頭歯《いんとうし》」で咀嚼をしているから。口の中に歯はありません。

いっぽうで変異が大きいのは、頭部や胴、尾の形など。スマート体型の和金と背が盛り上がった琉金、卵のように丸いらんちゅうでは、同じ魚とは思えません。らんちゅうやオランダ獅子頭の大きな頭「肉瘤」は、表皮と真皮の層が入り組んで厚くなった皮膚の一部で、発達の仕方によって丸い形、四角い形などがみられます。和金や琉金の仲間には肉瘤はなく、小さくとがった頭をしています。

金魚として同じ部分をもちながら、これほど多様な姿があるのは、金魚を飼い、改良してきた人々が、常に見た目の美しさや新しい形を求め、変異を起こした個体の選別と交配を繰り返してきたから。その結果、肉瘤に目が埋もれるもの、体に対して極端にひれが小さいものや、平付け尾であるためすばやく泳げない、など魚としては不利な体型の品種も多く生まれ、なんと目が真上を向いたものまでいます。まして目立つ赤い体をしていては、厳しい野生の世界で生きいくのは難しいでしょう。

人に飼われることで、はじめて生まれ、世代を重ねることができる魚。それが金魚です。考えてみれば、かなり不思議な生きものですね。

背びれがない!?

らんちゅう型に見られる背びれのない金魚たち。桶や鉢などに入れ、上から見る文化のなかで背びれのないタイプが生み出されました。

超ひらひらの
カールした尾

土佐錦魚の優美な尾びれは、両サイドが内側にくるっとカールした、平付け反転尾。尾の美しさを重視して作られました。

前、見えている?

らんちゅうやオランダ獅子頭の頭に盛り上がる肉瘤は、金魚の大きな個性のひとつ。目が隠れるほどに発達する個体もいます。

水がかきづらそうな
水平の尾

蝶尾や土佐錦魚の体に対して水平につく平付け尾は、水を漕ぐのに向きません。当然、泳ぎも不得手ですが、そのゆったり泳ぎも優美です。

お鼻に謎の
ポンポンつき

鼻にある鼻孔褶というひだが大きくなってできたポンポンは、花房とか鼻ひげと呼ばれます。いろいろな金魚に現れますが、とくに用途はありません。

体型に似合わぬ
小さなひれ

ピンポンパールにみられる、丸い体と小さなひれの組み合わせは最強クラスのかわいらしさ！　チョコチョコ不器用に泳ぎます。

重たくない
ですか?

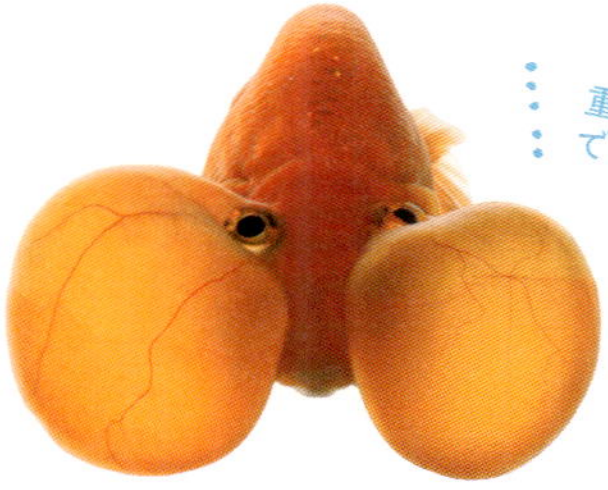

水泡眼の揺れる水泡は、下まぶたにあたる部分が肥大化したもの。大きすぎて重たそうにしている個体も見かけます。乱暴にすると破れることもあるので、やさしく扱ってください。

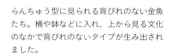

3

始まりは偶然!? 突然変異で生まれた金魚のルーツとは

すべての品種の
ルーツです。

キャリコ柄の
元祖だよ

これまでも触れてきたように、金魚のルーツはヂイと呼ばれる中国産のフナの一種です。そのヂイの突然変異個体である、赤い「ヒブナ」が長江流域で発見され、何代も繁殖させるなかで金魚が生まれました。その後も長きにわたり、より美しい姿、より変わった形をした金魚を求めて、選別や交配を繰り返し、現在見られるような、多くの品種が作り出されてきました。

モザイク透明鱗性のキャリコ柄、らんちゅうの背びれの消失や出目金の出目などは、突然変異から出現したもの。朱文金や東錦、土佐錦魚は交雑から生まれた品種です。

もっとも、金魚における品種の定義は、それほどはっきりしたものではありません。歴史や明確な特徴のある金魚、新しくても人気が出て、認知度が高くなった金魚には品種名がつけられています。現在、日本観賞魚振興事業協同組合では、日本国内での基本品種として33品種を挙げています。さらに愛好家や観賞魚業界で認知されているものを加えると、国内だけで50品種を超えるのではないでしょうか。金魚発祥の地である中国や、その他海外の品種を含めれば、優に100品種を超えるといわれています。

左ページの作出系図を見れば、金魚の歴史とは、品種改良の歴史であることがよくわかります。すべてのルーツが明らかになっているわけではありませんが、私たちがふだん目にしている金魚たちが、どのように生み出されてきたのか、その一部を知ることができます。

作出系図

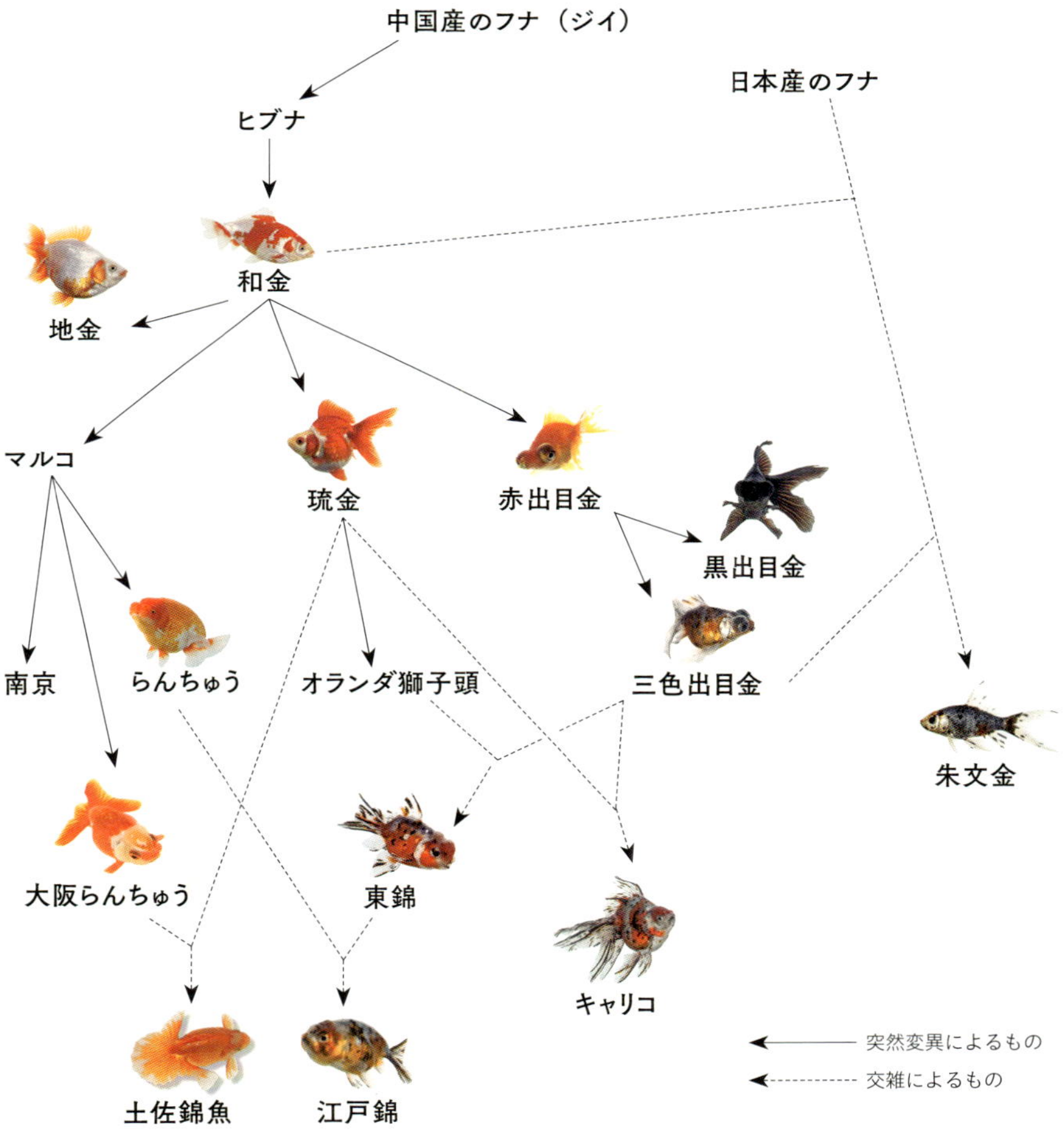

その他海外で生まれた品種

- コメット（アメリカ）
- ブリストル朱文金（イギリス）
- ピンポンパール（東南アジア）

昭和以降に中国からきた品種

- 水泡眼
- 頂天眼
- パールスケール
- 丹頂
- 茶金
- 青文魚
- 蝶尾

日本で生まれた新しい品種

- 浜錦
- 桜錦
- 穂竜
- 福ダルマ
- キラキラ

4

失われた金魚を、再びこの手に！

いまや数えきれないほどある金魚の品種ですが、そのなかには天災や戦争などを機に、絶滅してしまったものもあります。とくに第二次世界大戦とその後の混乱期には、いくつもの品種が消えて行きました。しかし青森県の地金魚「津軽錦」のように、戦後、愛好家が現存の品種を使って、数十年、十数世代におよぶ選別と交配を続けた結果、見事に復元された品種もあります。

　そしていま、まさに復元の過程にある金魚が「大阪らんちゅう」です。

　大阪らんちゅうはその名の通り、おもに関西方面で愛好されていたらんちゅう型の金魚で、丸くて背びれのない、体に、大きな平付けの尾、肉瘤は発達せず、鼻ヒゲ（鼻孔摺）がつくという、非常に愛らしい姿をしていました。品評会も盛んに行われていたようで、往時の番付表が現存しています。

　しかし、この大阪らんちゅうも、第二次世界大戦後、間もなく姿を消してしまいます。その後、奈良県の養魚家、西川吉則氏が、現存する多くの品種を掛け合わせ、長年かけて復元に取り組みました。さらに静岡県の愛好家、池山五郎氏は全国を探索し、かろうじて生き残っていた2尾のオスを発見、西川氏による復元途中の魚と掛け合わせて復元を進めていったのです。

　そしていまもなお未完ながら、池山氏の志を継ぐ「大阪らんちゅう愛好会」の会員たちによって、復元が進められています。

　まだまだ流通量の少ない大阪らんちゅうですが、入手される機会があれば、そんなロマンあふれる背景に思いを馳せつつ、飼育を楽しんでみてはいかがでしょうか。

　そしてまた、戦争によって絶滅する金魚が出ないよう、この平和が続くことを祈ります。

story 4

金魚を愛する人々

近くにおいて、いつでも眺めている人、
金魚を仕事にしてしまった人、金魚とのかかわり方は
十人十色ありますが、だれもに共通しているのは、
金魚への愛に溢れていること！

case 01

どんぶり&水槽で飼育する

もっと金魚と仲良くなるならどんぶり飼育がおすすめ!

東京都/岡本信明さん

職場の応接テーブルの上が定位置。訪れるお客さんも、思わず笑顔に。

白がち琉金のピーちゃん。人が近づけば、ご覧のようにおねだりにやってきます。

金魚飼育の著書をいくつも手がけ、金魚博士の異名をもつ岡本信明さんのイチオシ飼育スタイルは「どんぶり金魚」。小さな器で金魚を身近に感じられ、金魚も人を好きになってくれるとても楽しい飼い方で、毎日、水を換えること、餌は少なめに与えることが上手に飼うポイントです。

「餌は一粒ずつ、目が合った瞬間に入れてやると早くなれます。一粒食べたら、もぐもぐが終わるのを待って、もう一粒。与えすぎると水が汚れるので控えめを心がけてくださいね」

なかにはいつまでもなれない金魚もいるので、人を恐れず、近寄ってくる子を選ぶのも大切、と教えてくれました。

ストローを使ってフンの掃除。「これもピーちゃんとのふれあいの時間。お世話をしてあげる喜びは格別。掃除ならしょっちゅうできるからね」

水換えときに、翌日用の水を汲みおきます

小皿に餌を出しておき、一粒ずつ与えます

水槽の金魚たちも、人が大好き。人影を見ると「餌ですか？」、いわんばかりのワクワクぶりに。

どんぶり＆水槽飼育のヒント

飼育に向くどんぶりは？

深さは体高の2倍以上、金魚が悠々と泳ぐことができる大きさのものを用意しましょう

どんぶりに向く金魚は？

泳ぎの得意な和金型よりも、のんびり泳ぐ丸い体型の、小さな金魚が向いています。

水槽では何匹くらい飼える？

水槽のサイズ、金魚の大きさにより異なります。目安としては、一般的な60㎝水槽に、5～8㎝の中型金魚なら、エアレーションありで7尾ほど。

ろ過装置は必須ですか？

容器のサイズにゆとりがあり、こまめに水換えを行えるのなら、設置しなくてもかまいません。ろ過装置があっても、やはり水換え、定期的な掃除は必要です。

case 02

庭のプラ舟で飼育する

大好きな更紗の蝶尾に囲まれて、毎日が幸せ！

東京都／渋川博彦さん

親として選ばれた鹿の子柄の3歳魚。いい子を産んでね。

こちらは、元気いっぱいの若い蝶尾。鹿の子柄も尾の形も素敵！

親を引退したご隠居水槽、親の水槽、２歳魚の水槽……と分けて金魚を入れています。

「優雅で美しく、だけど泳ぎはヨチヨチかわいい。蝶尾のそんなところが大好きなんです」と笑顔で語るのは、自宅の庭で蝶尾を育てる渋川博彦さん。その名の由来でもある蝶のような尾に惹かれ、飼育を始めて9年。もっとよい形の蝶尾を！と親を選んで繁殖も行い、すでに大きな品評会で一位を獲得するほど見事な金魚も育てあげました。「ある年、育った稚魚に鹿の子柄が出たのです。それからは、形のよいことはもちろん、よい鹿の子柄を作ることも目標になりました。縁が赤い尾が作れたら、尾がより魅力的に見えるだろうなあ、作ってみたいなあ、なんて考えてもいます」と、密かな野望も抱いています。

親魚の水槽。渋川さん選りすぐりのエリート金魚だけあって、ため息が出るほどの美しさ。

先日、ふ化したばかりの稚魚。卵の管理〜稚魚の世話は、毎年の大きな仕事のひとつ。

色も形も美しい渋川家出身の蝶尾は「ひこ（博彦のひこ）蝶」と呼ばれ、手に入れたいと願うファンも多いのだそう。

屋外飼育のヒント

どんな容器で飼うの？

左官工事などに使うプラスチックの「トロ舟」や大型のＦＲＰ水槽がポピュラー。サイズも各種あります。ＦＲＰ水槽なら、排水栓を付けたり水温の変化に備えて断熱材を入れたりすることもできます。

暑い夏、寒い冬は、どんな管理をする？

夏の直射日光は水温が上がりすぎたり、水中の酸素が減りすぎたりします。日よけをしましょう。冬は金魚の活性が下がるので、餌は与えずに冬越しします。それでも掃除は、ときどきしてやったほうがよいです。

水が緑色になった!?

植物性プランクトンが発生して緑色になった「青水」は金魚の好む水。ただ発生しすぎもよくないので、掃除や足し水で、程よい状態を保ちましょう。

case 03 愛好会に参加する

金魚好きが集う愛好会は、よい金魚飼育の学びの場。

兵庫県／穂竜愛好会

名誉会長で穂竜の生みの親、榊誠司さん(右)と、会長の内匠真太郎さん。

審査のあと、表彰式と受賞した魚の講評が行われた。おめでとうございます！

形、色は当然、泳ぎも重要な審査のポイント。真剣な目で、金魚を見極める審査員の人たち。

穂竜愛好会2017年春季品評大会・上位入賞魚／穂竜の部

三席／岡山・祢屋 崇さん

二席／京都・當麻暢久さん

一席／京都・當麻暢久さん

昭和40年代に手に入れた黒い出目オランダから、榊誠司さんが作り出した金魚が穂竜と変わり竜。それらをもっと進化させるべく、いまなお改良を重ねている榊さんが名誉会長をつとめるのが、穂竜愛好会です。会員数はなんと200人！ 品評会には北海道から金魚同行で参加する人も。若い会員が多く、研究会や品評会にも多くの人が集まる活気あふれる愛好会です。

「穂竜は金と銀の色をイメージどおりに仕上げ、茶色を消していきたいし、五花竜にはきれいな赤色を入れたい。近代の、最も進化した魅力ある金魚として、まだまだ育てていきますよ」という榊さんの尽きない情熱は、会員たち共通の思いなのです。

春に行われるのは二歳魚の品評会。全国から100尾を超える穂竜、変わり竜が集まった。審査のほか、魚の譲渡会も行われ、そちらも大いに盛り上がった。

変わり竜の部

三席／赤穂・榊 誠司さん

二席／岡山・冨田 隆さん

一席／姫路・宗行寛明さん

愛好会、品評会参加のヒント

愛好会って？

品種ごとに金魚を愛する人が集まって、品評会や勉強会などの活動をする会です。「飼育や繁殖、品評会についてもっと知りたい」、「品評会に向けてよい金魚を育てたい」という人が参加することが多いようです。

どうやったら参加できるのですか？

金魚の本やインターネットなどで探すことができるので、参加を希望するなら、連絡を取ってみましょう。参加条件、活動の内容などは、会によって異なります。

品評会ってなに？

よい形や色・柄、泳ぎを競う金魚のコンテスト。審査は品種ごとに行うことが多い。全国的な品評会として有名かつ最大級のものは、秋に愛知県弥富市で行われる金魚日本一大会。

case 04

金魚のプロとして独立

強い金魚愛で脱サラを決意。新品種を作る東北男子。

福島県／小野貴裕さん

敷地内には池もある。春を迎えたばかりなので、これから水を替えて本格的に稼働させる予定です。

ビニールハウスは金魚だらけ。「形の良し悪しなど金魚の質で分けたりすると世話が偏っちゃいそうだから、プラ舟は金魚をタイプ別に分けるだけにしています」

いわき市で「小野金魚園」を営む小野貴裕さんは、P.52に登場する「いわきフラっこ」の生みの親。幼いころはグッピー飼育にはまっていたという小野さんは、金魚好きが高じて新品種の作出に取り組み、2014年に新品種いわきフラっこを発表しました。たくさん餌を食べ、常にきれいな水で育った金魚たちは、丸々太って、とても健康そう。過保護にしていないから「うちの金魚は頑丈です」と小野さんがいうのもうなずけます。交配・選別の妙で、丸く太い体ながらに転覆もしにくいのだとか。

愛好会を主催し、フラっこの品評会をはじめ、積極的にイベントを開催するなど、金魚の普及に努めています。

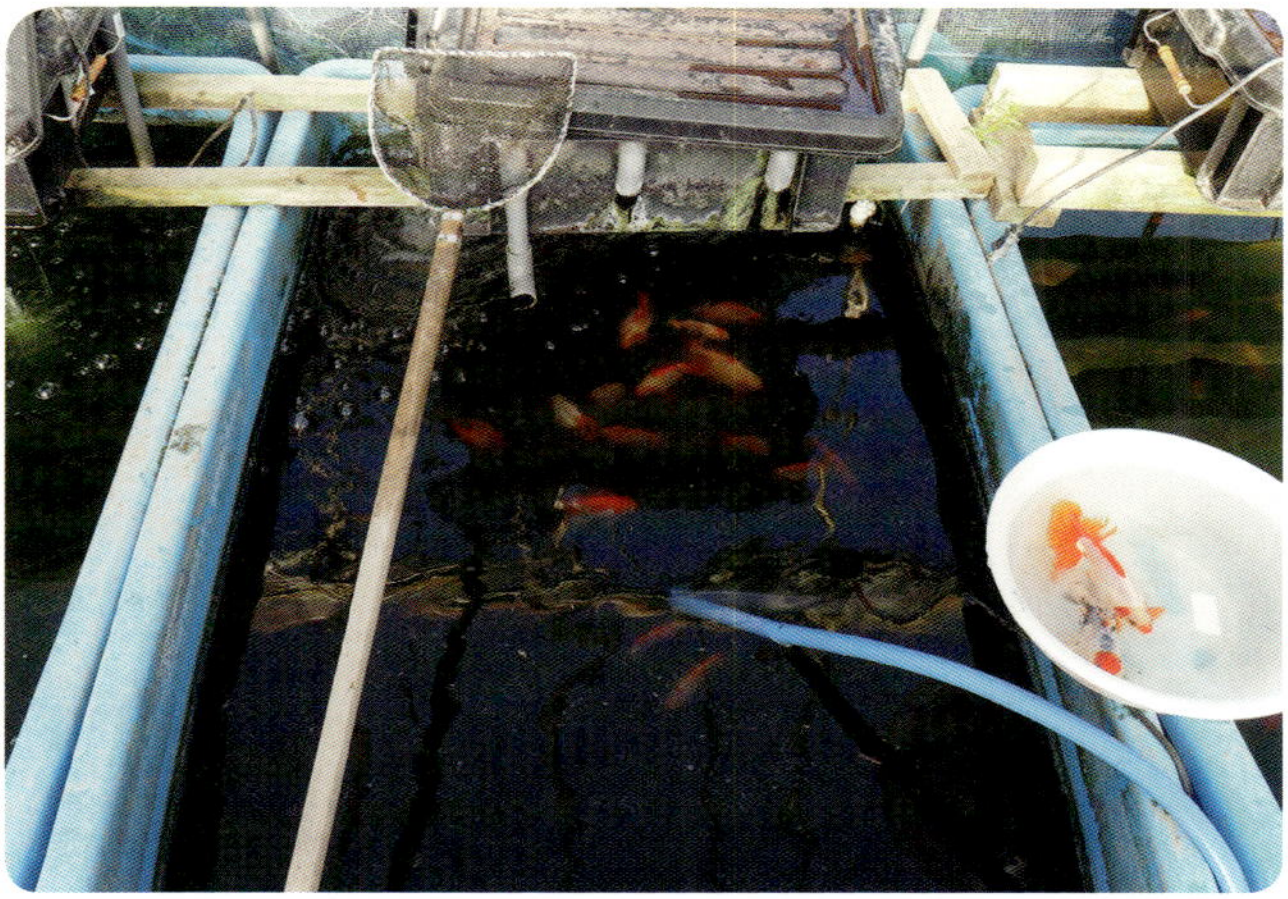

ハウス内のプラ舟には、それぞれプラスチックコンテナで自作したフィルターを設置。いわきフラッこなど玉サバ系の金魚のほか、現在ブリストル朱文金にも力を注いでいます。

水槽にはいわきフラっこがたくさん。日に10回以上も餌を与えて大きく育てるのが小野さん流。そのぶん水換えも1〜2日に1回は行っています。

繁殖・交配のヒント

新しい形の金魚を作ることができるの？

簡単なことではありませんが、いまいる金魚もすべて、そうして誕生しました。小野さんのように、チャレンジを続ける人のおかげで、近年も新しい金魚が生まれています。

どうやって作るの？

目指す形の金魚を親に選び、そこから生まれた仔の中から、またよい形の金魚を親にし……と繰り返していきます。形だけではない、色だけではない、金魚を見極める目、センスが問われ、年月もかかります。新しい金魚の誕生は、そうした人たちの努力の賜物なのです。

卵を産ませてみたい！

水槽での飼育でも、卵を産ませ、稚魚を育てることはできます（詳しくはP.125）。稚魚の世話も楽しいものです。

金魚に会える・学べる！ 全国金魚スポット

水族館・展示場

◎すみだ水族館
場所：東京都墨田区押上1-1-2
東京スカイツリータウン内の水族館。「江戸リウム」と名付けられた、江戸の金魚文化も楽しめる、日本最大の金魚展示ゾーン。イベントも開催される。

◎郡山金魚資料館
場所：奈良県大和郡山市新木町107
三大産地のひとつ大和郡山の養魚場「やまと錦魚園」が運営。古書、浮世絵などの民俗資料も展示。

◎金魚の館
場所：熊本県玉名郡長洲町大字長洲3150
九州の一大産地、金魚と鯉の町・熊本県長洲町にある金魚水族館。長洲で作出されたジャンボシシガシラにも会える！

◎アクアマリンふくしま
場所：福島県いわき市小名浜字辰巳町50
金魚の常設展示に定評のある水族館。定番、希少な品種のほか、オリジナル品種である桜ブリストルも見ることができる。

◎葛飾区金魚展示場
場所：東京都葛飾区水元公園1-1（都水産試験場跡地内）
古くは大きな産地だった地域で、1000尾もの金魚を飼育・展示。銀魚など、ほかではほとんど見られない金魚も展示。

◎弥富市歴史民俗資料館
場所：愛知県弥富市前ケ須町野方731-1
金魚ファンならだれもが知る、弥富金魚の歴史も学べる資料館。金魚のほか、弥富文鳥に関する展示もある。

イベント・品評会

◎日本観賞魚フェア
場所：東京都江戸川区・タワーホール船堀
日程：毎年4月

水槽に泳ぐ金魚がずらりと並ぶ展示＆品評会。メダカや熱帯魚、水草レイアウト水槽のコンテストもあり、一日楽しめる。

◎大和郡山お城まつり
場所：奈良県大和郡山市・大和郡山城
日程：毎年4月上旬
郡山城趾で開催される祭で金魚の品評会＆即売会が行われるのは、さすが金魚の町！ お祭りと金魚を同時に楽しめるイベント。

◎埼玉養殖魚まつり
場所：埼玉県加須市・水産試験場
日程：毎年4月第1日曜日、11月3日
県内の生産者が生産した金魚の品評会と、展示即売会。即売会は多くの愛好家が首を長くして待ちわびる、人気のイベント。春と秋の年2回。

◎静岡県金魚品評大会
場所：静岡県浜松市・はままつフラワーパーク
日程：毎年9月中～下旬

全国から、500尾を超えるさまざまな品種、年齢の金魚が集まる大きな品評会。愛好家が育てた自慢の金魚は一見の価値あり。

◎金魚日本一大会
場所：愛知県弥富市・海南こどもの国
日程：毎年10月第4日曜日

全国から愛好家が育てた、日本一を目指すすばらしい金魚が集まる、その名のとおりの日本一大会。

※情報は2017年6月現在のもの。イベント開催時期、展示内容は変わることがありますので、確認してお出かけください。

story
5

金魚の飼い方

金魚を飼うのに、難しいテクニックはいりません。
リビングで、庭やベランダで、
思い思いのスタイルで、
お気に入りの金魚との暮らしを楽しみましょう。

STEP 01

迎える準備

金魚の住み処をつくる

金魚は環境への適応力が高く、ごく一部の品種をのぞけば、初心者にも飼いやすい丈夫な観賞魚です。金魚の大きさや飼いたいスタイルに合わせて容器を選び、きれいな水が用意できれば、ヒーターや高性能フィルターなど、大掛かりな装置は必須ではありません。しかし、健康な状態を保ちながら長く飼育するためには、金魚が快適に過ごせるよう、できるだけの準備をして迎え入れることが大切です。ここでは金魚飼育を長く楽しく続けるための第一歩、住み処づくりに必要な知識とコツを紹介します。

飼育に必要なもの

まずは水槽です。ひとくちに水槽といっても、その大きさや形はさまざま。金魚の場合、水量5ℓ程度の金魚鉢から、一般的なガラス水槽、水量100ℓを超える左官用のプラ舟や池まで、飼いたい金魚の大きさや数、飼育環境に合わせて選ぶことができます。あとはエアポンプやフィルター、水替え時に使うカルキ抜き、そして毎日の餌があれば、まずは飼育を始められます。このほか、バケツや掃除用品があると水槽のメンテナンスに便利です。水草や砂利は、好みによって入れても入れなくてもいいでしょう。

金魚の飼育スタイル

睡蓮鉢

屋外で、小さい金魚や少数の金魚を飼うのに向く飼い方。一緒に水辺の植物を入れれば、とても風流で、金魚も美しく見えます。

水槽

一番ポピュラーな金魚の飼い方。日常生活のなかで金魚を眺めるのに最適で、癒しのインテリアにもなります。

プラ舟

多く飼う、大きく育てる、繁殖をするときの本格的な飼い方。設置前に給排水や電源の確保をしておきましょう。

どんぶり

金魚を身近に感じられる飼い方。器と金魚の組み合わせも楽しめます。毎日の水換えが上手に飼うポイントです。

どうやって飼う?

小さめの金魚を、少ない数で飼うのであれば、金魚鉢や睡蓮鉢、バケツ、洗面器など身近にある容器でも大丈夫です。好きな色や柄のどんぶりで、小さな金魚を飼うのもおすすめ。自分の身近にお気に入りの金魚を置いて、いつでも眺めることができます。この飼い方では水量が少ないので餌は少なめにし、毎日こまめに水換えすることが大切です。夏の高温時は酸欠になりやすいので、心配ならば小さな投げ込み式のフィルターなどでエアレーションしておくと安心です。

最も一般的なのは、45~60cm程度のガラス水槽での飼育です。金魚の様子や表情がよく見えて楽しめますし、小さな金魚を多めに飼うことも、あるいは少ない数で飼い、しっかり餌をやって大きく育てることもできます。水槽の中を水草や石でレイアウトするのも楽しいもの。水量が多くなるので、水質を維持するためのフィルターや、水草育成ではライトなどが必要になります。水が入るとかなり重くなるので、設置場所は慎重に検討しましょう。

外で大きな容器を使って飼う方法もあります。広いスペースを活かし、コンクリートを練るためのプラ舟と呼ばれる容器や、魚飼育用のFRP製の池で、ゆったりと金魚を育てます。屋外で日光を受けて輝く金魚はひときわ美しいものですが、どちらかというと金魚を大きく育てたい人や、繁殖を目指したい人向けの飼い方です。エアポンプと投げ込み式のフィルターがあるとよいでしょう。

水槽のセッティング

ライト

必需品ではありませんが、水草の有無やライフスタイルなど、必要に応じて導入します。

フィルター（ろ過装置）

水を循環し、ゴミやフンを吸い込み分解する装置。多種あるので、飼い方に合ったタイプを選びます。装置頼みにせず水換えと併用することが大事です。

エアポンプ

投げ込み式フィルターやエアレーションに使います。ひと揃え持っておくと、病気の治療などにも使えます

水槽

ガラス水槽が一般的。サイズにより、飼える金魚の数が変わります。置き場所を確保してから導入しましょう。

砂利

ろ材の役割となるものもありますが、糞の多い金魚では入れないほうが掃除が楽という人もいるので、お好みで。

水草

水草を入れるときれいです。柔らかい葉は金魚が食べてしまいます。夜間は酸素を消費するので、入れすぎないこと。

STEP 02

金魚の選び方

金魚の入手先

さあ、いよいよ金魚を迎えましょう。まずは入手先を選ぶところから。基本的には、やはり自分の目でしっかり確かめてから迎えたいものです。金魚を扱うお店に行ったら、まずは店内や水槽が清潔に保たれているか、金魚が元気に泳ぎまわっているかを確かめましょう。病気の金魚や、痩せて元気のない金魚の多いお店は、管理がしっかりできていないしるしなので避けましょう。また、魚選びや飼育についての相談に応えてくれる、知識が豊富な店員さんのいるお店なら、いっそう安心です。そして金魚を選ぶことにある程度慣れてきたら、金魚販売のイベントに出かけたり、インターネットで販売を行っている養魚場、小売店などのサイトでじっくりお気に入りの金魚を探すのも楽しいものです。

元気でかわいい金魚を探す

金魚を販売しているお店を訪れたら、じっくり金魚を観察して、健康な魚を選ぶことが大切です。金魚選びのポイントをいくつかあげてみます。

水槽の中を元気に泳ぎまわっているか。泳ぎ方がおかしくないか。調子の悪い金魚は、水面付近にボーっと浮いていたり、水

元気な金魚の見極めポイント

目

傷や曇りがなく、透明感があり輝いているか、出目金や水泡眼では、左右のバランスも見ましょう。

ひれ

裂けたり折れたりしていないか、ピンと張っているか、形がおかしくないか、ひれの先がささくれているものは、病気のおそれがあります。

エラ

呼吸のときに左右のエラぶたをちゃんと開閉しているか、片側、あるいは両側が閉じたままになっていると、病気のおそれがあります。

体・鱗

全体のバランスのよさのほか、色鮮やかで艶があるか、傷や鱗の剥がれ、逆立ちがないか、痩せすぎたり太りすぎたりしていないか、白や赤い斑点があるものは病気かもしれないので避けましょう。

行動

人を見て寄ってくる個体は、よくなれる可能性大。バランスを崩して傾いていたり、泳がずぼーっとしているものは避けます。

槽の底でじっと動かずにいます。

砂利やフィルターなどに体をこすりつけていないか。病原体や寄生虫がついている金魚は、体をしきりにこすりつけます。

同じ水槽に、様子のおかしい金魚はいないか。選ぼうとしている金魚は一見元気でも、水槽の中に病気の魚がいると、すでに伝染していて、帰宅後、重症となるおそれもあります。

色艶がよいか。調子のよくない金魚は、色がくすんだり、白い膜をかぶったように見えることがあります。出血したような痕が見られることもあります。白点病や寄生虫にも気をつけましょう。

あとは品種の特徴がよく出ているか、自分好みの色や柄、体型か、といったところを見て、気に入った金魚を迎えましょう。金魚との出会いは一期一会。いま目の前で泳いでいるかわいい金魚は、次にお店を訪れた時には、もういないかもしれません。出会いを大切に。

金魚同士の相性

ひとくちに金魚といっても、その体型は実にさまざまです。フナに近い体型をした和金やコメット、吹き流し尾をもつ玉サバなどは、非常にすばやく活発に泳ぎまわり、餌を見つけて食べるのもあっという間です。いっぽうで、フナからかけ離れた姿をしている琉金やらんちゅう、ピンポンパールなどは泳ぎが遅く、泳ぎの速い品種と一緒に飼うと、満足に餌を食べることができません。そのため、いろいろな品種を混泳させて飼う場合は、泳ぎが得意か不得意かをよく見きわめ、タイプ別に分けて飼育することが大切です。

金魚の特性をチェックする

機敏に泳ぐグループ

コメット

和金

玉サバ

朱文金

体が細く、シンプルな尾をもつ和金型品種はもちろんのこと、琉金型でも吹き流し尾の玉サバなどは泳ぎが機敏で、ゆっくり泳ぐタイプとの混泳には向きません。

ゆっくり泳ぐグループ

蝶尾

水泡眼

ピンポンパール

らんちゅう

体が丸い品種、尾が大きく開く品種は泳ぎがゆったり。目に特徴のある品種は、同じ仲間だけで飼いましょう。地金魚に多い、水質に敏感な品種も混泳に向きません。

STEP

03 帰ってきたら……

元気に育てるために大事なトリートメント

元気でかわいい金魚に出会い、連れて帰ってきたら、健康な状態で長く飼育を続けていくために「トリートメント」をしましょう。これは、新しい飼育環境に金魚を慣らすとともに、連れて帰った金魚を休ませて疲れを取るため、そして病原体や寄生虫をもっていた場合に、すでに飼っている金魚たちに感染させないための措置です。少し面倒かもしれませんが、金魚を連れて帰ったときにトリートメントをしっかりしておくことで、病気が蔓延するリスクを低減でき、その後の金魚の健康管理がぐっと楽になります。

塩水を使ったトリートメントの方法

はじめて金魚を飼う人の場合は飼育用に準備した水槽を使いますが、すでに飼っている人は、トリートメント用の容器を別に用意する必要があります。新しく迎えた金魚が1〜3尾の小ぶりな個体なら、容量10ℓほどのバケツや小型水槽で十分。ここに市販のカルキ抜きや汲みおきで塩素を抜いた水を入れ、1ℓあたり5g（小さじ1）の割合で食塩を入れて溶かします（0・5％の食塩水）。これがトリートメント槽になります。

トリートメントの手順

水道水のカルキを抜く

1日ほどバケツに汲みおく、市販の中和剤を使うなどで塩素（カルキ）を抜いた水道水をバケツや水槽に用意します。

←

塩水をつくる

容器に入れた水の容量を測っておき、1ℓあたり5gの塩を入れて溶かし、0.5％の塩水を作ります。

←

さらにグリーンFやリフィッシュなどの魚病薬を規定量入れておくと、新しい金魚が病気にかかっていても、トリートメント中に治療できます。酸欠にならないよう、できるだけエアレーションはしておきましょう。

いきなり違う水に入れると温度差などでショックを受けてしまうため、連れて帰った金魚は、入っている袋ごとトリートメント槽に浮かべ、30分ほど待って水温の差をなくします。

それから袋の口を開けて水槽の水を少し袋に入れ、水質を合わせていきます。これを10分おきに何度か繰り返し、袋がいっぱいになったところで、中の水と金魚をトリートメント水槽に放します。ただし、袋の中の水が汚れている場合は、金魚だけを水槽に放し、汚れた水は捨てましょう。

トリートメント中の世話の仕方

トリートメント水槽に入れた金魚は毎日、様子を観察します。慣れない環境では消化不良を起こしやすいので、はじめのうちは餌を与えず、3～4日経ってからほんの少し（1～2粒）与えて様子を見ましょう。元気に食べてフンをするようなら、少しずつ量を増やしていきます。

食欲がない場合は、体調を崩している可能性が高いので、餌を欲しがるようになるまでトリートメントを続けます。また、水が泡立つ、汚れが目立つ、においがするといった場合は、すぐに新しい塩水に入れ換えます。餌を食べはじめてから、1～2週間トリートメントを続け、異常がなければ、水合わせをして飼育用の水槽に移しましょう。

新しい水にならす

塩水に放す前に袋ごと水に浮かべて温度差をなくします。その後、水を少しずつ合わせながら、金魚を塩水に放します。

毎日、観察する

金魚の様子を観察しながら、２週間ほど続けます。水が汚れたり、金魚が水面でパクパクしているのが見られたら、すぐに新しい塩水に換えましょう。

STEP 04

毎日の世話

金魚を毎日見るのが、元気の秘訣

金魚を飼いはじめたら、毎日観察する時間をもちましょう。忙しい日もあるでしょうが、たとえば餌やりの時間の数分間だけでもよいので、こまめに健康状態をチェックすることが、長く楽しく飼うためのコツです。同時に、水の色や匂いもチェックして、異常がないか確かめる習慣をつけましょう。フィルターなどの飼育器具も正常に動いているか見ておくと安心です。毎日の観察で、病気やトラブルの予防、早期発見ができ、金魚の長生きにつながります。

餌のやり方

金魚飼育の日課は、まず餌やりです。金魚は大食漢で、与えればかなりの量を食べますが、餌のやりすぎは水を汚し、病気などのトラブルにつながるので1日2～3回、数分で食べきる量を与えましょう。また、金魚は絶食に強いので、数日間外出する場合などは、餌を与えなくて大丈夫です。心配して日数分をまとめて与えたりすると、食べ残しや大量のフンで水質が悪化し、かえって悪い結果になることが多いのです。屋外飼育など、冬、水温が下がる環境では、餌はほとんど食べなくなります。

餌の量や回数は、季節や金魚の活発さに応じて調整する必要があります。そのためにも、毎日の観察をしっかり続けましょう。

水換えのポイント

金魚は常に水の中にいるので、水の汚れは健康を損なう原因となります。金魚の飼育で一番大切なことは、水をきれいに保つことです。とくにどんぶりや金魚鉢など水の量が少ない場合は、毎日の水換えが必須です。

フィルターを使っていても毎日の餌や、金魚が出すフンによって、水は次第に汚れていきます。1週間から10日に1度の水換えを、ひとつの目安として習慣づけましょう。水温が高い夏場や、水槽のサイズに対して魚が多い場合は、水が汚れやすいので、より短い間隔で水換えをする必要があります。水が泡立っていたり、生臭い匂いを感じたら、速やかに水換えをしましょう。

水換えに使う水は、1～2日前から汲みおき、または市販のカルキ抜きなどで塩素を中和した水道水を使います。もし水換えのタイミングを、今日か明日かで迷ったら、今日やっておきましょう。早め早めの水換えが、後悔しないコツです。

毎日の観察

金魚の体調や水の汚れをチェックする

毎日の観察は、金魚を長生きさせる重要事項。元気があるか、食欲や泳ぎ方の変化や、体の色艶やひれや尾の具合など、いつもと違った様子はないかを確認します。毎日様子を見ることで、小さな変化に気づくことができるようになり、体調不良や病気が深刻になる前に適切な処置をしてあげられます。

餌のあげ方

すぐに食べ終わる量を。やりすぎは厳禁!

餌は、扱いやすい人工飼料がおすすめ。お店やベテランの人などに聞き、良質なものを選びましょう。適正な餌の量は、金魚の大きさや数、そして容器（水槽）の大きさで変わりますが、3〜5分で食べきる量を、1日に2〜3回与えるのがよいといわれています。食べ残しは水を汚すので、すぐに取り除きます。

水換えの仕方

金魚飼育でとても大事な、定期的な水換え

小さい容器ならシンクに運んで、水槽なら水槽掃除用ポンプなどを使って、たまったゴミとともに水を汲み出し、塩素を抜いた新しい水を注ぎます。同時に容器についた汚れやコケも軽く取り除きます。小さな容器ではほぼ全量、大きめの水槽では1/3〜1/2が換水量の目安。容器の水と新しい水の温度差が大きいときは、いったん汲みおいて、温度を合わせておいたほうが安心です。

STEP 05

病気かな？と思ったら

早期発見、すばやい手当てが大事！

金魚が病気になってしまうのは、季節の変わり目の激しい水温変化や新しく迎えた金魚が病原体をもっていたなど、原因はさまざまです。しかし最大の要因は水質の悪化なので適切な水換えなど、しっかりした飼育管理で病気を予防することが大切です。そして次に重要なのは、毎日の観察で初期症状を見逃さないことです。もしも金魚が体調を崩しても、発見と手当てが早ければ早いほど、金魚を救える確率は上がるのです。

今日は金魚に少し元気がないなと思ったら、まずは0・5％の食塩水（P.120参照）を作り、塩水浴をさせてみましょう。真水よりも体液の浸透圧に近いため、金魚の呼吸を助け、体力の回復や免疫力の向上に役立ちます。

すでに金魚がふだんと違うおかしな行動をしたり、外見に異常があるときは、市販の治療薬を使ってすぐに治療を始めましょう。ただ、金魚は体が小さいために病気の進行が早く、気づいたときには手遅れのことも多いのです。もし治してあげられなくても、自分を責めないでくださいね。

よくある症状と対処法

逆さまにひっくり返っている ——転覆病

丸みの強い体型の金魚によくみられ、文字通りひっくり返ってしまう病気です。水温が下がる時期に発症しやすく、浮き袋の障害や神経の異常が原因といわれています。発症初期に水温を30℃まで上げて塩水浴させると元に戻ることもあるようですが、基本的に治すのが難しい病気です。丸い体型の金魚は、餌を控えることで予防します。

体に白い点がある ——白点病

季節の変わり目など水温が急に下がったときによく発症します。白点虫という寄生虫が原因で、初期には体やひれに細かな白い点が現れ、放置すると全身に塩粒をふったようになり、金魚が衰弱して最後は死に至ります。グリーンFなど色素系の薬剤がよく効きます。白点虫は高水温に弱いため、水温を28℃程度に上げるのも有効です。

尾びれがボロボロになっている ——尾ぐされ病

初期には尾びれの先や周辺部が白っぽく濁ったようになり、しだいにひれが根元まで裂けてボロボロになっていきます。さらに進行すると衰弱死することもあります。カラナムリス菌という細菌の感染が原因です。伝染力が強いので発症した金魚は隔離し、0.5％の塩水とエルバージュエースなどの抗菌剤を併用して治療します。

体やひれのつけ根が赤くなっている ——赤斑病、エロモナス病

水が汚れてくると発症しやすい病気でエロモナス菌という細菌が原因です。進行すると患部が壊死してボロボロになり、死に至ることもあります。症状に気づいたら、すぐに新しい水に入れ換え、0.5％の塩水にし、市販の抗菌剤を併用して治療します。ふだんから水を清潔に保つことが、一番の予防になります。

白い綿のようなものが付いている ——水カビ病

金魚の体やひれに、ミズカビという真菌が繁殖し、綿毛のようなものがつきます。放置するとその範囲が広がり、金魚が衰弱して最終的には死に至ります。魚体の外傷につくことが多いので傷つけないように気をつけること、水を清潔に保つことが大切です。色素系の薬剤で薬浴させましょう。

STEP

06 卵から育てる

金魚の子どもを育ててみよう

金魚を卵から育てる、というと、難しそうに思われるかもしれません。でもやってみると、案外うまくいくものです。卵から育てた金魚には、いっそう愛着もわくことでしょう。ただ、一度に生まれる卵の数は、500個から5000個にもなることがあるので、繁殖にはそれなりの心構えと準備が必要です。ここでは繁殖の準備から、稚魚の育て方までの流れを、簡単に説明していきます。ぜひチャレンジしてみましょう

金魚の繁殖の流れ

1 親選び・産卵

金魚の産卵期は春です。卵を産みつけるための水草や人工の魚巣を準備した水槽に、健康なオスとメスの金魚を選び、移動します。十分に成熟した金魚なら、数日のうちに産卵がはじまります。オスがメスを激しく追いかけはじめたら、産卵の合図。翌朝には水草や魚巣、水槽の底などにびっしりと小さな卵がついているでしょう。産卵が終わったら、親魚は速やかに別の水槽に移します。

2 卵の管理～ふ化

親魚を隔離したら、卵に気をつけて水槽の水を新しいものに入れ換え、弱めにエアレーションしておきます。ヒーターで20℃前後に保温しておくと安心です。雑菌の繁殖が抑えるにはメチレンブルーなどを少し滴下します。卵のうち、無精卵はやがて白く濁ってくるので、水カビを防ぐために除去します。受精卵には2日もすると稚魚の目が見えてきて、4～5日目にふ化します。

3 稚魚の世話

稚魚は、ふ化から2～3日は、水槽の底や壁に張りついて動きません。3～4日目に泳ぎはじめたら、ブラインシュリンプというエビ類の乾燥卵を孵化させ、その幼生を与えます。稚魚が大きくなってきたら人工飼料に切り替えます。食べ残しはまめに掃除し、水が汚れてきたなと感じたら早めに水換えします。日々大きくなっていく稚魚を見るのは、とても楽しいものです。

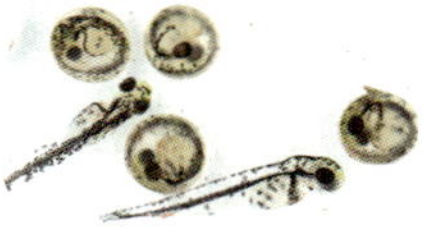

ふ化が始まりました。卵の中に見える黒い点は、稚魚の目です。

5日目。餌やりは3日目くらいから。食べた餌が、腹に赤く透けて見えます。

ふ化から約2週間。すでに、尾の形に品種の特徴が現れています。

1月半もたつと、すっかり親と同じ形に。2～3カ月で色も変わってきます。

おわりに

『ときめく金魚図鑑』、いかがでしたか？

　この本は、僕たち日本人にとって、最も身近な観賞魚のひとつである金魚について、おもにそのビジュアル面から魅力に迫ってみました。

　思えば僕が金魚を飼いはじめたのは、わずか5年ほど前のこと。そこからあれよあれよと深みにはまり、とうとう自宅で金魚を繁殖させ、品評会に魚を出すようにさえなってしまいました。金魚のどこにそれほど惹かれたのか、自分でもよく分かりませんが、かわいい、きれい、かっこいい……と、僕がカメラマンであることも手伝って、やはりその外見によるところが大きかったように思います。

　本書に出てくる金魚たちは、僕自身が実際にこの目で見て、これはかわいい！　これはきれい！　これは飼いたい！　と胸をときめかせてくれた魚たちばかりです。写真を撮るときにも、そんな生き生きとした金魚たちの魅力を引き出せるようにと、考えながらシャッターを切りました。この図鑑を見て、皆さんにそのときめきが伝わったら、そして金魚が飼いたくなったなら、これほどうれしいことはありません。

　この図鑑には、金魚専門店、愛好会、愛好家のみなさんのご厚意によって撮影させていただいた、すばらしい金魚たちがいっぱいです。快くご協力くださった皆さん、本当にありがとうございました。また、金魚の魅力をもっと広めたいんです！という僕の思いに応え、監修を引き受けてくださったトキワ松学園理事長の岡本信明先生はじめ、スタッフの皆さんに心から感謝いたします。

　そうして多くの方々と一緒に作りあげたこの『ときめく金魚図鑑』が、読者の皆さんと金魚をつなぐ、かけ橋となることを祈ります。

２０１７年７月

尾園暁

さくいん

あ
青秋錦 アオシュウキン……92
青蝶尾 アオチョウビ……45
青錦 アオニシキ……27
青らんちゅう アオランチュウ……79
赤出目金 アカデメキン……42
東錦 アズマニシキ……62
麁玉の華 アラタマノハナ……54
アルビノオランダ……61
イエロー和金 イエローワキン……21
いわきフラっこ イワキフラッコ……52
江戸錦 エドニシキ……86
江戸花房 エドハナフサ……82
大阪らんちゅう オオサカランチュウ……83
オーロラ……54
オランダ獅子頭 オランダシシガシラ……56

か
絣琉金 カスリリュウキン……37
変わり竜 カワリリュウ……74,111
関東東錦 カントウアズマニシキ……64
キャリコ……36
キャリコ蝶尾 キャリコチョウビ……45
キャリコ花房……82
京しぐれ キョウシグレ……87
京錦 キョウニシキ……87
キラキラ……49
銀魚 ギンギョ……55
銀鱗三色和金 ギンリンサンショクワキン……21
杭全鮒金 クイタフナキン……55
黒オランダ クロオランダ……61
黒出目金 クロデメキン……42
黒らんちゅう クロランチュウ……79
高頭オランダ コウトウオランダ……58
高頭パール コウトウパール……75
五花竜 ゴカリュウ……74
黒青竜 コクセイリュウ……74
コメット……24

さ
桜東錦 サクラアズマニシキ……66
桜地金 サクラヂキン……23
桜錦 サクラニシキ……88
三州錦 サンシュウキン……54
三色出目金 サンショクデメキン……43
地金 ジキン……22
ジャンボオランダ……60
秋錦 シュウキン……92
朱文金 シュブンキン……26
ショートテール琉金 ショートテールリュウキン……38
水泡眼 スイホウガン……94
鈴木東錦 スズキアズマニシキ……65
青文魚 セイブンギョ……70
青文パール セイブンパール……51

た
玉黄金 タマコガネ……48
玉サバ タマサバ……46
丹頂 タンチョウ……68
茶金 チャキン……71
頂天眼 チョウテンガン……93
蝶尾 チョウビ……44,108
津軽錦 ツガルニシキ……90
鉄魚 テツギョ……55
出目金 デメキン……42
出目レモンコメット デメレモンコメット……30
東海錦 トウカイニシキ……31
土佐錦魚 トサキン……40

な
南京 ナンキン……80
日本オランダ ニホンオランダ……59

は
萩雲青 ハギウンセイ……65
花房 ハナフサ……82
花房オランダ ハナフサオランダ……58
浜錦　ハマニシキ……75
パンダ出目金　パンダデメキン……43
ピンポンパール……50
福ダルマ フクダルマ……46
ブリストル朱文金 ブリストルシュブンキン……28
ブロードテール琉金 ブロードテールリュウキン……38
穂竜 ホリュウ……72,110

ま
三輪錦 ミワニシキ……91
メタリック朱文金 メタリックシュブンキン……27
モザイク玉サバ モザイクタマサバ……47
もみじコメット モミジコメット……25
もみじ出目金 モミジデメキン……43
もみじ和金 モミジワキン……21

や
柳出目金 ヤナギデメキン……30

ら
らんちゅう ランチュウ……76
竜眼 リュウガン……61
琉金 リュウキン……32
六鱗 ロクリン……22

わ
和金 ワキン……18

参考文献 『カラーガイド　金魚のすべて』川田洋之助・杉野裕志（マリン企画)、『四大地金魚のすべて』川田洋之助（マリン企画)、『復刻版　科学と趣味からみた金魚の研究』松井佳一（成山堂書店)、『はじめて金魚と暮らす人の本』松沢陽士（学研)、『金魚　長く、楽しく飼うための本』岡本信明・川田洋之助 監修（池田書店)、『原色金魚図鑑　かわいい金魚のあたらしい見方と提案』岡本信明・川田洋之助 監修（池田書店)、『ProFile100 別冊　宇野系らんちゅうの魅力』田中隆（ピーシーズ)、『金魚春秋文化誌』吉田信行（ヨシダ)、『きんぎょ生活 No.1~No.3』（エムピージェー)、「ミトコンドリア DNA および核 DNA の解析による魚取沼テツギョの起源」富沢輝樹ほか（魚類学雑誌 62（1）: 51-57.)、「ミトコンドリア DNA D-loop 領域からみた金魚の起源」木島隆ほか（水産育種 3：97-103)

staff

写真・文　**尾園 暁**（おぞの・あきら）

1976年大阪府生まれ。神奈川県在住の昆虫写真家。幼少の頃から生き物が好きで、近畿大学、琉球大学大学院で昆虫学を学び、昆虫写真家に。約5年前から金魚を飼い始め、どっぷりと沼に浸かる。被写体としての金魚にも惹かれ、カメラを通して金魚と向き合う今日この頃。大阪らんちゅうの飼育・繁殖にも取り組み、品評大会への出品も。著書に『ぜんぶわかる！トンボ』（ポプラ社）『ハムシハンドブック』（文一総合出版）など。日本写真家協会（JPS）、日本自然科学写真協会（SSP）、大阪らんちゅう愛好会会員。
ブログ「金魚のめがね」http://kingyonomegane.doorblog.jp/

監修　**岡本信明**（おかもと・のぶあき）

1951年愛知県生まれ。東京海洋大学学長を経て、現在は学校法人トキワ松学園理事長、併設校横浜美術大学学長。研究分野は魚病学・魚類遺伝育種学。金魚博士の異名をもち、素人金魚名人戦にも参加し、金魚の普及に努めている。監修書に『育てて、しらべる日本の生きものずかん 14 金魚』（集英社）、川田洋之助との共同監修・著書に『金魚　長く、楽しく飼うための本』『原色金魚図鑑 かわいい金魚のあたらしい見方と提案』『どんぶり金魚の楽しみ方』（全て池田書店）、『金魚』（角川ソフィア文庫）などがある。

制作にご協力いただいた方々（順不同・敬称略）
小野金魚園 小野貴裕（p18-19, p28-29, p31, p32-33, p34, p36, p43, p46-47, p52-53, p60, p112-113）／金魚専門店 KAHARA（p21, p26, p35, p37, p38-39, p42, p54-55, p56-57, p61, p62-63, p67, p86-87, p88, p90-91, p95）／金魚屋 懐古堂（p20, p40-41, p51, p57, p92）／鈴木金魚店（p35, p69）／穂竜愛好会（p72-74, p110-111）名誉会長 榊 誠司、会長 内匠真太郎、曽和 泉、稲岡秀隆／媛らん会 会長 石崎一成（p78-79）、末冨綱彦／大阪らんちゅう愛好会　理事 川田洋之助／渡邊和則（p22-23, p40-41, p64, p80-81）／石丸 浩（p23, p27, p37, p39, p49, p55, p59, p87, p94）／渋川博彦（p44-45, p89, p108-109）／田中 隆（p76-77）／平澤 桂／飯田 貢／山本桂子／東 昭一／東 喜代子／尾園亜美（p42, p65, p70）／間曽さちこ

装丁・本文デザイン　岡 睦、更科絵美（mocha design）
イラスト　コーチはじめ
編集　たむらけいこ

ときめく金魚図鑑

2017年8月 5 日　初版第1刷発行
2023年8月25日　初版第3刷発行

写真・文　尾園 暁
監修　岡本信明
発行人　川崎深雪
発行所　株式会社 山と溪谷社
〒101-0051　東京都千代田区神田神保町1丁目105番地
https：//www.yamakei.co.jp/
印刷・製本　大日本印刷株式会社

●乱丁・落丁、及び内容に関するお問合せ先
山と溪谷社自動応答サービス TEL.03-6744-1900
受付時間／11：00〜16：00（土日・祝日を除く）
メールもご利用ください。
【乱丁・落丁】service@yamakei.co.jp
【内容】info@yamakei.co.jp

●書店・取次様からのご注文先
山と溪谷社受注センター
TEL.048-458-3455 FAX.048-421-0513

●書店・取次様からのご注文以外のお問合せ先
eigyo@yamakei.co.jp

ISBN978-4-635-20240-4